KB052107

요리 84가지

똑똑이와 튼튼이를 위한

온가족 홈 쿠킹

Family Home Cooking

박혜원 · 이명호 · 박향숙 · 송원경 공저

光 文 閣

www.kwangmoonkag.co.kr

요리는 즐거워~

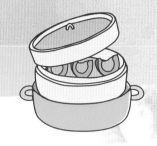

요리하기 전
꼭! 읽어보세요~

1. **어떤 요리를 할까요?**
   냉장고에 준비된 것, 시장 볼 것, 목록을 살펴보아요.

2. **재료 손질하기**
   씻고, 다듬고, 양념도 챙기고 조리 도구도 준비해요.

3. **영양 이야기 나누기**
   엄마가 들려주는 영양 이야기와 채소와 식재료 알아보아요.

4. **요리 과정 설명하기**
   일러스트 그림 보며 요리 순서 익혀 두고 각자 할 일을 정해요.

5. **위생과 안전 주의**
   손 씻기, 조리도구 다루기, 안전하게 요리하는 법을 알아보아요.

6. **엄마 따라 썰기**
   요리에 적당한 썰기를 해보아요~ (어려운 건 엄마에게 도움을 받아요.)

7. **요리하기**
   순서에 맞게 각자 분담한 양념하기, 무침하기, 볶기, 데치기, 끓이기 등~

8. **그릇에 담기**
   요리에 맞는 식기를 선택하고 예쁘게 담아보아요.

9. **요리에 이름 붙여 보기**
   오늘의 요리에 멋지고 특별한 요리 명을 지어요.

10. **맛있게 시식하기**
    가족이나 친구들과 감사하며 맛있게 먹어요.

11. **설거지와 정돈하기**
    가벼운 그릇은 직접 씻고 정리도 깨끗하게 해보아요.

12. **요리 평가하기**
    그림 보며 가장 어려웠던 부분, 재미있던 것, 맛에 대한 이야기를 해요.

13. **요리 보고서 써보기**
    직접 만든 요리에 사진을 붙인다면 더 좋겠네요~
    1. 요리 명 2. 재료 3. 요리 순서 4. 오늘의 요리에 대한 나의 생각

머리말

    휴~ 참 긴 시간이 흘렀습니다. 1년이 꼬박 걸려 만들어진 요리책을 보며 아쉬움과 부족함을 느낍니다.

    아동 요리를 시작하면서 늘 아쉬웠던 부분이 어린이들에게 펼쳐놓고 설명해 줄 요리책이 필요했습니다. 사실적인 요리 사진들은 어린이들에게 쉽게 어필이 되지 않아 늘 칠판과, 종이에 솜씨 없는 그림을 그려가며 설명을 했습니다.

    어린이들이 쉽게, 그리고 요리 순서를 빠르게 머릿속에 기억할 수 있는 방법을 찾다가 일러스트가 함께 있는 요리책을 생각했습니다.

    두 눈이 반짝반짝, 가장 요리에 관심을 보이는 시기가 아동기입니다.

    이 시기에는 좀 더 많은 소근육을 쓰는 오감놀이와 창의력을 키울 수 있는 통합 교육이 필요로 할 때입니다. 음식을 만드는 과정을 통하여 영양 교육의 중요성이 자연스럽게 인식되기 때문에 미국·영국·프랑스 등에서는 다양한 아동 요리 교육 프로그램이 실시되고 있습니다.

    소중한 엄마의 마음은 아이들에게 많은 것을 보여주고 가르치고 싶을 겁니다. 하지만 우리는 소중한 추억을 아이들에게 선물하지 못했다고 생각해 봅니다.

    어렵게 고민하지 마시고 주방으로 아이에게 손짓해 주세요. 너무나 행복하게 웃으며 엄마가 하는 일에 참여했다는 것만으로도 행복해 하고 성취감과 자신감을 갖게 됩니다.

어린이들 대상으로 하는 요리 교육은 세심한 계획과 예산을 필요로 합니다. 교육과학기술부 학교급식 선진화를 위한 교육 프로그램 개발의 성과로 펴내게 된 이 책을 위하여 저자들을 비롯하여 많은 사람들의 정성이 들어갔습니다.

한여름의 뜨거운 조명 속에서 땀 흘리시며 사진을 담당해주셨던 이광진 교수님, 밤샘을 기쁘게 함께했던 쿡마마 가족 이현주, 김도현 선생님 함께 요리한 민동이와 채동이, 그리고 아동 요리책을 낼 수 있도록 힘써 주신 광문각출판사 박정태 사장님과 임직원들께 진심으로 감사드립니다.

부족하지만 이 책이 아동 요리 발전에 디딤돌이 되어 주었으면 하는 바람과 앞으로 아동 요리에 관심과 사랑으로 좋은 책들이 더 많이 발간되어 우리 아이들에게 창의력을 선물해 줄 수 있기를 기원합니다.

2009년 1월
저자 일동

CONTENTS

1장

엄마랑 만든
예쁜도시락

CONTENTS

아동요리 이런 점이 정말 좋아요!

1. 머리가 좋아지고 감각이 발달해요

조물조물, 꼬물꼬물 엄마랑 요리하며 소근육, 대근육이 발달하며 자연스럽게 좋아져요.

2. 정서적으로 안정되고 표현력이 좋아져요

새콤달콤, 오감을 느끼며 엄마의 사랑과 대화를 통한 색다른 요리, 조리, 표현력이 좋아지지요.

3. 집중력과 관찰력을 키울 수 있어요

뚝딱뚝딱, 어설픈 칼질이지만 집중해서 썰기 하고 물이 끓을 땐 보글보글 재미있어요.

4. 과학적 사고와 숫자 개념이 자라나요

조리하면 부풀어지고 맛은 부드러워지네요. 양, 크기, 무게, 면적, 시간 등… 다양한 공부가 되지요.

5. 식습관과 식사 예절이 좋아져요

내가 직접 만든 요리, 영양도 풍부하고 맛있어요. "엄마, 먼저 드세요!" 소중한 음식은 고르게 먹고 감사 인사도 잊지 말아요.

6. 사회성이 길러져요

친구들과 함께 하면 더 재미있어요. 각자 할 일, 함께 할 일, 양보하고 배려해요.

7. 독립심과 성취감을 키울 수 있어요

요리의 전 과정을 참여하며 기다리는 인내심과 스스로 어른들이 할 수 있는 요리란 걸 해봤다는 독립심과 성취감이 오래오래 기억되지요.

똑똑이와 튼튼이가 될 수 있는 엄마의 약속

1. 제철에 나오는 식품을 구입해요.

제철에 나온 채소나 과일은 그 계절만의 충분한 영양을 공급해 주고, 다른 비료나 인공적인 요소가 덜 들어가 건강에 더 좋아요.

2. 냉장고에 위생적으로 보관해요.

힘이 들더라도 냉장고를 세균의 온상으로 만들지 않기 위해 깨끗이 씻어 하나하나 넣도록 해요. 유통 과정이나 생산 과정에서 묻혀 올 수 있는 세균이나 곰팡이를 바로 냉장고에 넣지 않고 싱크대에서 깨끗이 씻으면 기분도 상쾌하고 우리 가족을 위해서도 좋아요. 특히 달걀은 구입 즉시 흐르는 물에 깨끗이 씻은 후 냉장고에 넣어주세요.

3. 화학조미료, 인공 감미료를 쓰지 말아요!

맛을 내기 위해 조미료를 사용하기보다는 자연의 맛을 담을 수 있는 다시마, 멸치, 닭고기 육수, 소고기 육수, 조개 등으로 감칠맛을 내도록 해요.

4. 다양한 음식 재료를 사용해요.

항상 먹던 재료가 아닌 새로운 것을 사서 만들면 부족했던 영양분도 보충할 수 있고, 아이에게도 다양한 음식 재료를 접하게 해 교육의 효과도 얻을 수 있어요.

5. 채소를 준비해요.

냉장고에 신선한 채소를 준비해서 식사 때 소스나 장류를 찍어 먹을 수 있도록 준비하면 어느새 먹는 습관이 들여져요.

6. 간은 약하게 단맛과 짠맛을 줄여요.

맵고 짠 자극적인 음식은 혀의 감각을 둔하게 한다고 해요. 음식의 제맛을 느끼려면 조금 싱겁게 덜 달고 덜 짜게 준비하세요.

7. 요리할 때 아이와 함께해요.

요리하는 과정을 아이와 함께 하면 조금은 불편하고 힘들지만 그 어떤 교육 프로그램보다 아이에게 소중한 시간이 되지요.

똑똑와 튼튼이가 될 수 있는

우리들의 약속

1. 골고루 맛있게 먹어요.

몸에 좋은 것만 먹는 것보다 골고루 모든 영양소를 섭취해야 몸도 튼튼 머리도 좋아져요.

2. 신선한 채소, 과일을 먹어요.

신선한 제철 채소와 과일, 우리 농산물이 농약의 피해를 최대한 줄일 수 있습니다. 유기농법으로 재배한 식품이라면 더욱 좋아요.

3. 등푸른생선을 먹어요

신선한 등푸른생선은 DHA가 풍부해서 머리가 좋아진대요.
엄마가 준비해 준 생선 맛있게 드세요.

4. 곡류와 콩류를 먹어요.

흰쌀보다는 덜 가공한 현미나 잡곡밥을 먹는 게 좋아요. 통조림이나 가공한 인스턴드 식품보다는 신선한 우리 농산물을 먹어야 겠죠.

5. 패스트푸드, 가공식품을 적게 먹어요.

패스트푸트의 첨가물이 좋은 영양소의 섭취를 방해한다고 해요.
엄마가 만든 정성스러운 음식이 머리를 좋게 하고 몸을 튼튼하게 하는 음식이지요.

6. 청량음료, 탄산음료는 마시지 마세요.

식도 · 위 · 장을 너무 자극하고 뼈를 약하게 한대요.
되도록 적게, 그리고 탄산이 적은 음료를 마셔요.

7. 간식은 밥을 꼭 먹은 후에 먹어요.

충분한 영양은 식사를 통해 섭취하고 간식은 식사 후 줄줄한 시간 때에 칼로리가 낮은 것으로 먹는게 좋아요.

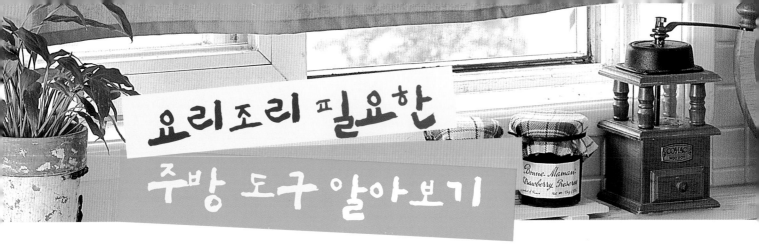

요리조리 필요한 주방 도구 알아보기

칼 · 도마 : 주방의 가장 기본적인 필수품이 바로 도마와 칼이죠. 부엌칼 외에 과일을 깎을 때는 과도, 빵을 썰 때 사용하는 톱니 모양의 빵 칼, 두부나 묵을 예쁘게 썰어주는 모양 칼, 감자와 당근 같은 채소의 껍질을 벗길 때는 필러 등 여러 가지가 있어요. 용도에 맞게 골라 조심해서 쓰세요.

계량컵 · 스푼 : 케량컵 또는 계량스푼을 이용하면 재료의 분량을 정확하게 잴 수 있어요.
많은 양의 액체는 컵으로, 적은 양의 액체나 가루는 스푼을 이용하세요. 보통 계량컵은 1컵(200㎖), 1/2컵, 1/3컵, 1/4컵 4종류가 있고, 계량스푼은 1큰술(5㎖), 1작은술(2.5㎖), 1/2작은술 3종류가 한 세트랍니다.

주방용 저울 : 재료의 양이 정확해야 맛있는 요리를 만들 수 있어요. 특히 빵이나 케이크, 과자 등을 만들 때는 저울이 있어야 해요. 재료의 양을 잴 때 필요한 주방용 저울로는 1~2kg 정도를 잴 수 있으면 충분하답니다.

프라이팬 · 튀김팬 : 채소를 볶을 때, 달걀프라이를 하거나 달걀지단을 부칠 때 등 주방에서 쓰임새 많은 도구예요. 네모난 것은 달걀말이를 예쁘게 할 때 편해요. 튀김을 할 때는 오목하고 건짐망이 함께 있는 튀김팬을 사용하면 한결 편하답니다.

찜통 : 만두나 떡, 달걀찜, 빵 등을 찔 때 자주 사용하는 냄비가 찜통이에요. 보통 2단, 3단으로 되어 있어요. 맨 아래 냄비에 물을 부어 끓이면, 이 수증기가 구멍이 뚫린 찜판을 따뜻하게 해 만두나 떡을 골고루 익혀 준답니다.

체 : 씻거나 삶은 채소의 물기를 빼거나 된장 같은 양념을 국에 풀 때도 사용해요. 모양과 크기가 다양한데 된장, 고추장을 풀 때는 작은 체를 사용하고 뚜껑이 있는 작은 망은 멸치를 담아 국물을 낼 때 필요해요. 밀가루 · 설탕 등을 곱게 만들 때 체에 담아 흔들기도 한답니다.

강판 : 무나 생강 등의 채소를 조금 즙낼 때는 믹서를 사용하는 것보다는 강판을 쓰는 게 더 편해요. 과일을 즙낼 때도 이용한답니다. 플라스틱이나 스테인리스, 도기로 된 제품 등이 있어요. 잘못하면 다치기 쉬우니 어린이들은 고무장갑을 끼고 하는 게 안전해요.

믹서(커터) : 양파나 감자 같은 채소, 과일을 갈 때 많이 사용하고 아이스크림, 셰이크, 무스 등을 만들 때 휘젓는 용도로도 사용해요. 믹서를 만질 때는 손에 묻은 물기를 잘 닦고, 반드시 작동이 완전히 멈춘 다음에 뚜껑을 열어야 안전해요.

스쿠퍼 : 아이스크림을 퍼낼 때 사용하면 동글동글 예쁘게 담아낼 수 있답니다. 수박, 멜론, 참외 등의 과일을 구슬 모양으로 퍼낼 때는 이것보다 작은 스쿠퍼를 사용하는 게 좋아요

밀대 : 빵이나 파이, 쿠키 반죽 등을 밀 때 필요한 도구인데 나무로 되어 있어요. 방망이처럼 일자로 된 것도 있고, 손잡이가 달린 미니 밀대도 나와 있어요. 손잡이를 잡고 반죽을 살살 밀어주면 과자나 만두피를 얇게 만들 수 있어요. 사용 후에는 잘 씻어 그늘에서 말린 뒤 보관하세요.

주걱 : 밥을 풀 때 쓰는 주걱의 용도는 생각보다 다양해요. 나무주걱은 프라이팬에 채소 등을 볶을 때 쓰면 팬이 긁히지 않고, 크림이나 버터에 설탕을 섞을 때 이용해도 잘 섞여요. 또 고무주걱은 양념이나 반죽 등을 옮겨 담거나 싹싹 긁어낼 때 편하답니다.

국자 : 국물이 있는 요리를 담을 때는 국자를 준비하세요. 끝이 톱니처럼 되어 있는 것은 라면이나 국수, 파스타 등 면 종류를 담아낼 때 흘러내리지 않아 아주 편해요. 물만두를 건져낼 때도 좋아요.

뒤집개 : 요리에 서툰 아이들에게는 모양이 틀어지지 않게 달걀부침를 뒤집는 것도 쉽지 않아요. 이럴 때 뒤집개를 사용해 보세요. 달걀부침이나 전을 지질 때 재료의 모양을 예쁘게 만들어 준답니다.

거품기 : 여러 가지 재료를 섞거나 달걀 거품을 낼 때 준비하세요. 모양은 일자형과 둥근형이 있는데 달걀 거품을 낼 때는 둥근형을 사용하세요. 거품기를 쓴 다음에는 바로 잘 씻어 두어야 해요. 그렇지 않으면 말라붙어 잘 씻어지지 않는답니다.

짤 주머니 : 거품 낸 생크림을 짤 주머니에 담아서 짜면 케이크를 예쁘게 장식할 수 있어요. 또 쿠키 반죽을 담아 짜면 여러 가지 모양의 쿠키가 뚝딱~ 만들어진답니다. 주머니 끝에 끼우는 튜브에 따라 무늬가 조금씩 달라져요.

쿠키 틀 : 재료의 양이 정확해야 맛있는 요리를 만들 수 있어요. 특히 빵이나 케이크, 과자 등을 만들 때는 저울이 있어야 해요. 재료의 양을 잴 때 필요한 주방용 저울로는 1~2kg 정도를 잴 수 있으면 충분하답니다.

똑똑이와 튼튼이를 위한
엄마표 조미료!

♥ 멸치가루

멸치를 머리와 내장을 제거하여 손질한 후 전자레인지에 1분간 건조하거나 기름기 없는 팬에 볶아 믹서에 곱게 간 뒤 밀폐 용기에 담아 냉동실에 보관하세요.

각종 국물요리, 된장찌개, 달걀찜, 감자조림, 버섯조림, 우엉조림, 연근조림 등에 넣으면 감칠맛이 납니다.

♥ 새우가루

깨끗하게 손질한 마른 새우를 전자레인지에 1분간 건조하거나 기름기 없는 팬에 볶아 믹서에 곱게 간 뒤 밀폐 용기에 담아 냉동실에 보관하세요.

미역국이나 해물찌개, 해물냉채, 호박나물, 채소볶음 등에 넣으면 새우 특유의 감칠맛과 시원한 맛을 즐길 수 있습니다. 김치부침개나 라면에 넣어도 일품입니다.

♥ 다시마가루

젖은 행주로 다시마 표면의 하얀 가루를 깨끗이 닦아 기름기 없는 팬에 볶거나 불에 살짝 구운 후 믹서에 곱게 간 뒤 밀폐 용기에 담아 냉동실에 보관하세요.

잡곡밥을 지을 때 다시마가루를 1숟가락 넣고 밥을 지으면 색다른 맛을 즐길 수 있습니다. 깔끔한 국물 맛을 요하는 요리나 조림 등의 요리에 사용하면 좋습니다.

♥ 표고버섯가루

표고버섯 기둥을 자른 다음 햇볕에 바짝 말려 손으로 자른 뒤 믹서에 곱게 간 뒤 밀폐 용기에 담아 냉장고에 보관하세요.
표고버섯가루는 너무 많이 넣으면 국물 색을 검게 하므로 적당량 사용하는 게 좋습니다. 표고버섯은 생 표고보다는 말린 표고버섯이 훨씬 영양이 풍부합니다. 각종 찌개, 수제비, 라면 등에 넣어 먹으면 깊은 맛을 즐길 수 있습니다.

♥ 들깻가루

들깻가루는 밀폐 용기에 담아 냉동실에 보관하세요.
들깻가루는 나물 무칠 때나 국을 끓일 때 첨가하면 훌륭한 맛을 낼 수 있습니다. 특히 머위나물, 무나물, 우거지나물, 토란국, 감자국, 미역국에 넣으면 맛있습니다. 우유에 타 먹어도 맛있어요.

♥ 참깻가루

참깨를 볶아서 믹서에 곱게 간 뒤 밀폐 용기에 담아 냉동실에 보관하세요. 쌈장이나 나물 무침 등에 넣으면 고소하고 맛이 좋습니다.

♥ 콩가루

콩을 볶아 믹서에 곱게 간 뒤 밀폐 용기에 담아 냉동실에 보관하세요.
된장찌개, 무침 등에 주로 넣으며, 우유에 타서 먹으면 한 끼 식사 대용으로도 사용할 수 있습니다. 특히 콩을 싫어하는 아이들의 음식 조리 시 사용하면 좋습니다.

똑똑이와 튼튼이 입맛 나는
엄마표 소스와 잼!

❶ **두부 참깨 소스** : 두부 100g, 올리브유 1큰술, 참깨 3큰술, 식초 1작은술, 꿀 1큰술, 소금 소량
(믹서에 넣어 갈아 주세요.)

❷ **키위 소스** : 키위 1개, 올리브유 1큰술, 꿀 1큰술, 레몬즙 1큰술
(믹서에 넣어 살짝 갈아 주세요.)

❸ **검은깨 생크림 소스** : 검은깨 3큰술, 생크림 3큰술, 마요네즈 1큰술, 꿀 1큰술, 레몬즙 1작은술, 소금 소량
(믹서에 넣어 갈아 주세요.)

❹ **콘 소스** : 옥수수(캔) 4큰술, 마요네즈 1큰술, 양파 1/8쪽 (10g), 꿀 2큰술, 식초 1큰술, 소금 소량
(믹서에 넣고 살짝 갈아 주세요.)

❺ **허니머스터드 소스** : 양겨자 1큰술, 마요네즈 3큰술, 꿀 1큰술, 레몬즙 1작은술, 소금 소량

❻ **허브치즈크림 소스** : 치즈크림 2큰술, 마요네즈 1큰술, 꿀 1작은술, 마른 허브(타임, 로즈메리)가루 1작은술

❼ **약고추장 소스** : 고추장 3큰술, 간장 1큰술, 꿀 1큰술, 다진 마늘 1작은술, 다진 소고기 2큰술, 표고가루 1작은술, 멸치가루 1작은술, 물 1/2컵, 참기름 1작은술
(참기름을 제외한 재료를 넣어 불에서 끓여 졸인 후 참기름을 넣어주세요)

❽ **초고추장 소스** : 고추장 2큰술, 설탕 1큰술, 꿀 1큰술, 식초 1큰술, 매실액 1큰술, 레몬즙 1큰술

❾ **된장볶음 소스** : 된장 5큰술, 고추장 1큰술, 꿀 2큰술, 다진 소고기 2큰술, 다진 양파 2큰술, 다진 표고 2큰술, 콩가루 1작은술, 멸치가루 1작은술, 새우가루 1작은술, 물 1컵
(식용유를 두르고 소고기, 양파, 표고 먼저 볶은 후 된장과 고추장을 넣어 고르게 볶으세요. 다음 나머지 재료를 넣고 끓인 후 되직하게 졸여 주세요.)

❿ **견과류 쌈장 소스** : 쌈된장 5큰술, 꿀 2큰술, 마요네즈 1/2큰술, 땅콩, 호두, 호박씨, 해바라기씨 건포도 다진 것 각각 1큰술씩, 콩가루 1작은술, 새우가루 1작은술

⓫ **간장 소스** : 조림간장 3큰술, 꿀 1큰술, 식초 1큰술, 레몬즙 1작은술, 물 3큰술

⓬ **키위잼** : 키위 4개, 설탕 1/2컵, 레몬 1쪽

⓭ **사과잼** : 사과 1개, 설탕 1/2컵, 레몬 1쪽

⓮ **토마토잼** : 토마토 2개, 설탕 1/2컵, 레몬 1쪽
(잼 재료를 믹서에 넣고 살짝 돌린 후 냄비에 넣어 보통 불에서 졸여 주세요.)

1장

엄마랑 만든

예쁜 도시락

에그샌드위치

엄마가 알려주는 영양 가득 음식 이야기

달걀은 비타민 C를 빼고 모든 영양소가 고르게 들어 있어요.
뇌와 몸을 튼튼하게 하는 완전 영양식품이에요.

재료

| 샌드위치식빵 | 3장 | 달걀 | 2개 |
| 오이 | 1/2개 | 양상추 | 10g |

(마요네즈 소스) 마요네즈 1큰술, 양겨자 1/2큰술,
설탕 1작은술, 식초 1/2 작은술, 소금, 후춧가루 소량

1.

달걀을 완숙으로 삶아 주세요.
(5분 정도 달걀을 나무주걱으로
굴려가며 익혀 주세요. 노른자가
가운데 있어요.)

2.

오이는 썰어서 소금에 살짝
절여 주세요.
(소금에 절여 수분을 제거해요.)

3.

식빵은 팬에 살짝 구워 주세요.
(식빵을 구워야 수분 흡수가 적어요.)

4.

구운 식빵의 한쪽 면에 마요네즈
소스를 발라 주세요.

5.

소스 바른 식빵 위에 양상추, 오이,
달걀을 얹은 후 빵을 올리세요.

POINT

하나. 달걀을 삶을 때 소금을 조금 넣어 주면 껍데기를 벗길 때 잘 벗겨져요.
둘. 샌드위치 식빵을 미리 하나씩 쟁반에 두었다가 살짝 건조한 후 구워 주세요.

어니언베이컨샌드위치

엄마가 알려주는 영양 가득 음식 이야기

베이컨은 돼지고기의 삼겹살을 얇게 썰어 훈제해 놓은 거랍니다.
특유의 향과 맛이 있어 샌드위치, 샐러드, 스프 등에 사용해요.

호밀바게트	3쪽	적양파	1개
베이컨	6장	양상추	1/4장

(마요네즈 소스) 마요네즈 1큰술, 양겨자 1/2큰술, 설탕 1작은술, 식초 1/2작은술, 소금, 후춧가루 소량

(바비큐 소스) 바비큐 소스 3큰술, 꿀 1큰술, 스테이크 소스 1큰술, 전분 1/2작은술, 물 1큰술

1.

호밀바게트는 어슷 썰어 준비하세요.

2.

적양파는 둥글게 썰어 팬에서 버터를 두르고 볶아 주세요.

3.

베이컨은 팬에서 노릇하게 구워 주세요.

4.

바비큐 소스는 팬에 넣어 살짝 끓여 주세요.

(식힌 후 베이컨 위에 올려 주세요.)

5.

호밀바게트의 한쪽 면에 마요네즈 소스를 바르고 양상추, 적양파, 베이컨, 바비큐 소스를 뿌리고 바게트 빵을 올리세요.

POINT

하나. 호밀빵에 마요네즈 대신 크림치즈를 듬뿍 발라 주어도 좋아요.

둘. 베이컨은 노릇 구운 후 종이행주에 올려 기름기를 제거해 주세요.

동글 동글 베이글샌드위치

 엄마가 알려주는 영양 가득 음식 이야기

베이글은 이스트와 밀가루를 반죽하여 끓는 물에 데친 다음 구워서 만든 빵이에요.
도너츠와 같이 구멍이 뚫려 있어 비슷하지만 도너츠는 식용유에 튀기고 베이글은 오븐에서 구웠어요.

베이글	2개	플레인 크림치즈	2큰술
방울토마토	5개	브로커리	30g
슬라이스 치즈	2장	단호박	1/4통
생크림	1작은술	마요네즈	1작은술
소금	소량		

(으깬 단호박) 삶은 단호박 50g, 마요네즈 1작은술,
생크림 1작은술, 소금 소량

만들어
보아요

1.

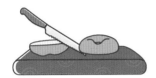

베이글을 반으로 등분해 주세요.
(베이글 빵은 자를 때 위험해요.
엄마가 도와주세요!)

2.

단호박을 삶아 식힌 후 마요네즈,
생크림, 소금을 넣어 양념해
주세요.

3.

브로커리는 소금물에 살짝 데쳐
주세요.

4.

베이글빵에 크림치즈를 듬뿍
바르고 단호박, 브로커리,
방울토마토, 치즈를 올린 후
베이글 빵을 올려 주세요.

5.

베이글을 4등분하고 꼬치로
고정해 주세요.

POINT

하나. 빵칼은 따뜻하게 한 후 빵을 자르면 잘 잘라져요.
둘. 단호박은 전자레인지에서 잘게 썬 후 랩을 씌워 익혀 줘도 좋아요.

포카치아롤샌드위치

엄마가 알려주는 영양 가득 음식 이야기

포카치오는 이탈리아 빵이에요. 올리브와 허브나 치즈를 넣어 만들어 고소하고 담백해서 샌드위치, 스프, 샐러드랑 곁들어 먹을 수 있어요.

재료

포카치오빵	1개	양상추	5g
치커리	3g	게맛살	4개
날치알	3큰술		

(마요네즈 소스) 마요네즈 1큰술, 양겨자 1/2큰술,
설탕 1작은술, 식초 1/2작은술, 소금, 후춧가루 소량

1.

게맛살을 손으로 찢어 마요네즈
소스에 버무려 주세요.

2.

포카치오빵에 마요네즈 소스를
바르고 양상추, 치커리, 양념 게맛살,
날치알을 넣어 말아 주세요.

3.

유산지 종이로 말아주고 리본
으로 묶어 주세요.

POINT

하나. 포카치오 빵은 단백하고 고소해서 샌드위치를 만들 때 좋아요.
둘. 양상추, 치커리는 수분을 제거해야 빵이 눅눅해지지 않아요.

탱글탱글 치즈동글밥튀김

엄마가 알려주는 영양 가득 음식 이야기

치즈는 우유의 단백질로 만든 식품이죠.
칼슘, 비타민 A, B₂가 풍부해 장을 튼튼!! 뼈를 튼튼!! 하게 한답니다.
피자, 스파게티, 케이크, 샐러드 등에 다양한 요리에 사용해요.

재료

애호박	20g	당근	20g
청 파프리카	20g	새송이	20g
양파	20g	치즈	2장
밥	1공기	밀가루	1큰술
달걀	1개	빵가루	1/2컵
참기름, 깨소금	소량	소금	소량

1.

채소를 다져 준비하고 치즈는
콩알 크기로 잘라 주세요.

2.

채소는 식용유를 두른 팬에서
살짝 볶아 주세요.

3.

밥에 볶은 채소를 넣고 참기름,
깨소금, 소금으로 양념하세요.

4.

동글동글 밥을 뭉치고 치즈를
밥 속에 넣어 주세요.

5.

동그랗게 뭉쳐진 밥을 밀가루,
달걀물, 빵가루 순으로 묻혀 주세요.

6.

식용유에 노릇노릇 튀겨 주세요.

POINT

하나. 찬밥을 활용해요.
둘. 많이 만들어 랩을 씌워 냉동실에 보관했다가 필요할 때 바로 튀겨 주세요.

검은깨폭탄주먹밥

엄마가 알려주는 영양 가득 음식 이야기

검은깨는 칼슘, 인, 철 비타민 B$_2$, 식이섬유가 풍부해요.
비타민 E도 많아 세포를 튼튼하게 해 주고 스트레스나 불안감도 없애 준대요.
죽이나 떡으로 먹으면 좋을 것 같아요.

재료

밥	1공기	갈은 소고기	50g
참기름	1/4작은술	소고기 양념장	1/2큰술
깨소금	1/4작은술	당면	소량
소금	소량	튀김용 식용유	

(소고기 양념장) 조림간장 1/2작은술, 참기름 1/4작은술, 깨소금 1/4작은술

만들어 보아요

1.

밥에 참기름, 깨소금, 소금을 넣어 양념하세요.

2.

소고기에 불고기 양념을 하세요.

3.

팬에 소고기를 수분기 없게 볶아 주세요.

4.

동글동글 밥 속에 볶은 소고기를 넣어 꼭꼭 주물러 주세요.

5.

검은깻가루에 주먹밥을 굴려 주세요.

6.

당면을 튀겨 폭탄 심지를 만들어 꽂아 주세요.

POINT

하나. 비닐장갑을 끼고 손에 물을 묻힌 후 밥을 꼭꼭 눌러주면 손에 밥알이 붙지 않아요.
둘. 검은깨를 묻혀줄 때 비닐팩에 주먹밥과 검은깻가루를 넣어 살짝 흔들어 주면 빠르게 요리할 수 있어요.

쌈밥도시락

엄마가 알려주는 영양 가득 음식 이야기

쌈은 우리나라에서 사람들이 좋아하는 고유 음식이에요.
쌈밥은 여러 가지 쌈 채소로 먹을 수 있으며 모듬 영양식이에요.

양배추	50g	깻잎	6장
케일	6장	적겨자	6장
갈은 소고기	50g	깨소금	1작은술
참기름	1큰술	밥	2공기

(불고기 양념장) 조림간장 1큰술, 참기름, 깨소금, 후춧가루 소량

만들어 보아요

1.

양배추, 깻잎, 케일, 적겨자는 끓는 소금물에 데친 후 찬물에 헹구어 주세요.

2.

밥에 참기름, 깨소금을 넣어 양념하세요.

3.

갈은 소고기에 불고기 양념을 하여 팬에서 볶아 주세요.

4.

밥 속에 소고기를 넣어 꼭꼭 주물러 주세요.

5.

데친 채소에 4번의 주먹밥을 넣어 쌓아 주세요.

POINT

하나. 데친 채소는 마지막에 얼음물에 담갔다가 건져주면 색도 선명하고 맛도 좋아요.
둘. 소고기에 양념장을 넣어 10분 정도 재웠다가 볶아 주세요.
셋. 견과류 쌈장 소스를 함께 도시락에 넣어 주세요.

알록달록 채소 볶음밥

엄마가 알려주는 영양 가득 음식 이야기

파프리카는 맵지 않은 고추의 일종이랍니다.
어린이들의 성장 촉진에도 좋고 열량도 낮아 미용, 다이어트에도 아주 효과적이에요.

파프리카(빨/노/파)	1/4개	당근	20g
양파	30g	달걀	2개
소금, 후춧가루		버터	1작은술
밥	1공기		

(소스) 굴 소스 1작은술, 간장 1작은술, 바비큐 소스 1작은술

1.

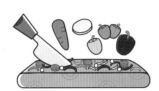

모든 채소를 잘게 다져 주세요.

2.

팬에서 식용유를 두르고 달걀지 단을 부쳐 주세요.

3.

팬에 버터와 식용유로 소량 넣고 다진 채소를 볶아 주세요.

4.

팬에서 밥을 볶은 후 소스를 넣고 채소를 넣어 고루게 볶아 주세요.

5.

접시에 볶은밥을 담고 달걀지단을 위에 올려 주세요.

POINT

하나, 밥은 고슬고슬한 밥이나 찬밥을 사용하고 볶을 때 버터를 조금 넣어 고소하게 충분히 볶은 후 소스를 넣어 주세요.
둘, 케첩 소스를 약간 곁들여 드시면 맛이 좋아요.

튼튼이 김치쌈밥

 엄마가 알려주는 영양 가득 음식 이야기

참치는 등푸른생선으로 뇌기능을 돕고 DHA가 아주 풍부해요.
양질의 단백질인 참치와 영양이 듬뿍 담긴 김치를 쌈에 싸서 먹으면 아주 좋아요.

김치 잎 부분	50g	참치캔	1/2개
밥(200g)	1공기	깨소금	1/2작은술
참기름	1작은술	소금	1/4작은술

1.

참치의 기름기와 수분을 제거해 주세요.

2.

밥에 참치, 깨소금, 참기름을 넣어 양념하세요.

3.

2번의 양념한 참치밥을 한 잎 크기로 조물조물 동그랗게 만드세요.

4.

김치 잎은 물에 헹구어 수분을 제거하고 참기름에 버무려 주세요.

5.

김치에 3번의 밥을 넣어 말아 주세요.

POINT

하나. 참치밥을 동글동글 만들 때 비닐장갑을 끼고 물을 묻혀 가면서 만드세요.
둘. 김치 잎이 작을 경우 2장을 겹쳐서 말아주세요.

지층초밥 도시락

 엄마가 알려주는 영양 가득 음식 이야기

게맛살 어묵은 흰살생선 살에 전분과 게살 향을 첨가해서 만드는 거예요. 단백질이 주성분이에요.
흰살생선 성분이 80% 이상 들어 있어야 맛이 좋아요.
성분 확인 후 구입하세요.

재료

밥	1공기	소고기	30g
오이	1/2개	당근	1/3개
달걀	2개	크래미	4개
파슬리 가루 (다져서 사용)	소량	소금	소량
		참기름, 깨소금	

(불고기 양념) 간장 1큰술, 설탕 1작은술, 파, 마늘 다진 것 1작은술, 참기름 1/2작은술, 깨소금 1/2작은술

1.

밥에 참기름, 깨소금을 넣어 양념하세요.

2.

다진 소고기는 불고기 양념해서 팬에서 볶아 주세요.

3.

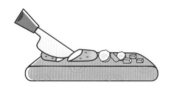

오이는 씨를 제거 후 다져주고 크래미(게살어묵)는 손으로 찢어 주세요.

4.

당근은 다진 후 식용유를 두른 팬에서 볶아 주세요. 이때 소금 소량을 넣어 주세요.

5.

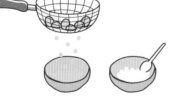

달걀은 삶아 흰자는 다져주고 노른자는 체에 내려 가루를 만들어 주세요.

6.

밥과 재료를 층층이 쌓아 지층을 만들어요.

POINT

하나. 여름철엔 촛물(식초 1큰술+설탕 1큰술+소금 1/2작은술)에 밥을 버무려 주면 음식이 상하지 않아요.
둘. 용기에 기름을 살짝 바른 후 층층밥을 담아주면 밥알이 붙지 않아 먹을 때 좋아요.

알알 톡톡 달걀말이

 엄마가 알려주는 영양 가득 음식 이야기

달걀은 성장기에 필요한 영양 성분을 모두 가지고 있는 완전식품이에요.
또한, 높은 영양에 비해 열량이 낮아 살찔 위험이 없고 소화 흡수가 잘 된답니다.

달걀	4개	날치알	4큰술
새우가루	1작은술	소금	1/4 작은술
가쯔오브시 가루	1/2작은술	청주	1작은술

만들어
보아요

1.

청주1작은술

달걀에 소금, 청주를 넣어
섞어주고 체에 내려 주세요.

2.

새우가루, 가쯔오브시 가루를
넣어 주세요.

3.

팬에 식용유를 두르고 풀어 놓은
달걀을 부어 반쯤 익힌 후 날치알을
올려 달걀을 말이해 주세요.

POINT

하나. 달걀은 충분히 풀어주면 달걀말이가 부드러워져요.
둘. 달걀말이는 낮은 불에서 하고 달걀이 살짝 덜 익었을 때 날치알을 올려야 달걀말이가 풀리지 않고
모양이 단단해져요.
셋. 김발에 말아 무거운 것을 올려주면 단단하고 예쁜 모양이 돼요.

비밀의 유부주머니

 엄마가 알려주는 영양 가득 음식 이야기

유부는 두부를 튀겨서 만든 거예요.
유탕했기 때문에 요리할 때 끓는 물에 살짝 데쳐 기름을 빼고 조리하면 칼로리를 많이 줄일 수 있어요.

재료

유부	6장	현미쌀	1/2컵
카레가루	1큰술	미나리 줄기	6개
참기름, 깨소금			

만들어
보아요

1.

현미쌀을 충분히 불려 카레가루
1큰술을 넣고 밥을 지으세요.

2.

미나리와 유부는 끓는 물에
살짝 데쳐 찬물에 헹궈 주세요.

3.

유부의 윗부분을 잘라 주머니를
만드세요.

4.

현미카레밥에 참기름, 깨소금을
넣어 양념하세요.

5.

유부주머니에 양념한 현미카레밥을
넣어 미나리로 묶어 주세요.

POINT

하나. 현미쌀은 충분히 불려 주세요.
둘. 유부는 밀대로 밀어주면 유부 속이 잘 분리돼요.

2장
건강밥상을 위한
반찬요리

멸치아몬드강정

엄마가 알려주는 영양 가득 음식 이야기

멸치는 뼈를 튼튼하게 하는 칼슘과 인이 듬뿍 들어 있어요.
아몬드는 철분과 무기질이 풍부해 두뇌 발달과 성장을 촉진한대요.
몸을 튼튼하게 해주는 멸치와 아몬드를 같이 먹으면 참 좋아요~!

재료

실 멸치	50g	아몬드(통)	30g
조림간장	1큰술	꿀	4큰술
콩가루	1작은술		

만들어 보아요

1.

실 멸치를 깨끗이 손질해서 식용유에 살짝 볶아 주세요.

2.

통 아몬드를 팬에서 살짝 볶아 주세요.
(볶은 아몬드가 고소해요 ~!!)

3.

팬에 조림간장, 꿀을 비율에 맞게 넣어 조린 후 볶은 멸치와 아몬드를 넣어 섞어 주세요.

4.

콩가루를 넣어 버무려 주세요.

5.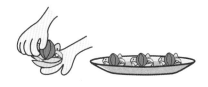

한 입 크기로 뭉쳐서 동글동글 모양을 만들어 주세요.

POINT

하나. 조림간장과 꿀은 바글바글 살짝만 끓여 주세요. 오래 조림하면 강정이 딱딱해져요.
둘. 비닐장갑을 끼고 식용유를 살짝 바르면 동글동글 모양이 잘 만들어져요.

IQ짱 건과류조림

 ## 엄마가 알려주는 영양 가득 음식 이야기

견과류는 단단한 껍질로 쌓여 있는 나무 열매예요. 잣, 땅콩, 호두, 밤, 아몬드 같은 것을 말하죠~
호두와 잣은 뇌신경을 안정시키고 두뇌 발달에 도움을 주고, 땅콩에는 단백질이 많이 들어 있어요.
성장기 어린이에게 꼭 필요한 음식이에요.

잣	10g	땅콩	20g
호두	30g	호박씨	20g
정종	1큰술	조림간장	2큰술
꿀	3술	물	1/2컵

1.

땅콩과 호두는 소금물에 삶아
주세요.
(소금물에 데치면 쓴맛이 없어져요!)

2.

땅콩, 호두에 양념을 넣고
물 1/2컵을 넣어 조려 주세요.

3.

조림장이 자작해지면 호박씨와
잣을 넣어 윤기나게 졸여 주세요.

POINT

하나. 호박씨는 살짝 팬에서 볶아주면 더 고소해져요.
둘. 조림할 땐 보통 불 정도에서 양념장이 서서히 스며들게 조려줘야 맛이 좋아요.

뱅어포떡갈비

 엄마가 알려주는 영양 가득 음식 이야기

뱅어포는 칼슘이 많이 들어 있어요.
뼈도 튼튼하게 해주고 칼슘 흡수를 돕는 비타민 D까지 풍부해요.

재료

| 갈비살 갈은 것 | 150g | 뱅어포 | 1장 |

(간장바비큐 소스) 조림간장 1큰술, 꿀 2큰술,
바비큐 소스 1작은술, 정종 1큰술
(불고기 양념장) 조림간장 1큰술, 참기름 1작은술,
깨소금 1작은술, 후춧가루

1.

갈은 소고기에 불고기 양념을
넣어 조물조물 주물러 주세요.

2.

간장 바비큐 소스를 팬에 넣어
윤기 나게 졸여 주세요.

3.

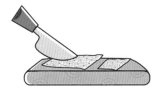

뱅어포를 1/2등분 해주세요.

4.

뱅어포에 1번의 소고기를
0.5cm의 두께로 넣어주고
위에 뱅어포를 올리세요.

5.

팬에 식용유를 두르고 뱅어포
떡갈비를 노릇노릇 구워 주세요.

POINT

구워진 뱅어포는 떡갈비에 간장 바비큐 소스를 바르고 다시 한 번 구워주면 양념이 뱅어포 떡갈비에 쏙
쏙 들어가 맛이 좋아요!

깍둑감자조림

 엄마가 알려주는 영양 가득 음식 이야기

감자는 땅 속 줄기가 자라 뭉쳐서 생긴 줄기식품이에요.
주로 탄수화물로 되어 있으며 식사 또는 간식 대용으로 많이 먹어요.
감자 싹에는 '솔라닌' 이라는 독소가 있으니 도려내고 먹어야 해요.

재료

감자   200g

(소스) 간장 2큰술, 물 2큰술, 정종 1큰술, 설탕 1큰술, 물엿 1큰술, 굴 소스 1작은술, 참기름 소량, 흑임자 약간

1.

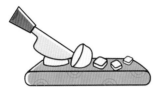

감자를 껍질을 제거한 후, 깍둑 썰기 해 주세요.

2.

찬물에 담가 주세요.
(갈변 방지를 위해 필요해요.)

3.

감자가 잠길 정도의 물을 넣어 약간 덜 익게 삶아 주세요.

4.

물을 반 정도 따라 버린 후 소스를 넣어 조림해 주세요.

5.

윤기나게 조림이 되면 참기름과 흑임자를 넣어 주세요.

POINT

하나. 감자 양이 많을 땐 찜통에 살짝 찐 후 조리해도 좋아요.
둘. 감자를 덜 익혀야 부스러지지 않고 양념장도 적당히 잘 스며들어요.

쫑쫑 마늘종 돼지고기볶음

 엄마가 알려주는 영양 가득 음식 이야기

돼지고기는 양질의 단백질과 비타민 B₁이 아주 풍부하고 나이아신 성분이 많이 들어 있어서 피로 회복과 신경 안정에 좋아요.

만 들 어
보 아 요

재료

안심	100g	마늘종	50g
간장	1작은술	정종	1작은술
후춧가루	소량		

(소스) 굴 소스 1작은술, 간장 1작은술, 물엿 1큰술, 소금 소량, 참기름

1.

마늘종은 쫑쫑 썰어서 끓는
소금물에 데쳐 주세요.

2.

돼지고기 안심은 잘게 깍둑 썰어
간장 1작은술, 정종 1작은술, 후춧
가루 소량을 넣어 양념해 주세요.

3.

팬에 식용유를 두른 후 돼지고기를
볶고 소스를 넣어 주세요.

4.

데친 마늘종을 넣어 함께 볶아
주세요.

5.

참기름을 1/2큰술 넣어 주세요.

POINT

하나. 돼지고기가 부드러운 부위가 아닐 경우 과일즙에 썰은 고기를 20분 정도 재워두면 돼지고기가 부
드러워져요.
둘. 마늘종은 살짝 볶아야 색이 선명해요.

날씬날씬 도라지구이

엄마가 알려주는 영양 가득 음식 이야기

도라지는 당분과 섬유질이 풍부해요. 대기오염으로 인한 호흡기 질환에도 좋은 효과가 있어요.

재료

통 도라지　50g

(소스) 칠리 소스 2큰술, 고추장 1큰술,
　　　매실청 1작은술, 참기름

1.

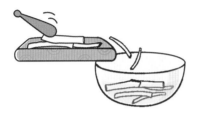

통 도라지는 반을 갈라 살짝 두둘겨
주고 소금물에 담가 주세요.
(소금물에 담가두면 쓴맛이 제거돼요!)

2.

거즈면이나
키친타월로~

물에 씻은 도라지는 수분을 제거
하고 찹쌀가루를 묻혀 주세요.

3.

팬에 식용유를 두르고 2번의
도라지를 노릇노릇 구워 주세요.

4.

소스

소스를 발라 구워 주세요.

POINT

하나. 칠리 소스는 스윗칠리 소스를 사용해야 맵지 않고 달콤해요.
둘. 노릇하게 구워진 도라지는 먹기 전 소스를 발라 구워 주세요.
셋. 조리 전 쌀뜨물이나 소금물에 담그면 아린 맛이 줄어들어요.

갈치카레구이

엄마가 알려주는 영양 가득 음식 이야기

갈치는 단백질 급원식품이며 칼슘 함량이 많아 성장기 어린이에게는 아주 훌륭한 식품이에요.

재료

갈치	1토막	카레가루	1큰술
밀가루	1큰술	소금	소량
후춧가루	소량		

1.

손질한 갈치에 소금, 후춧가루를 소량 뿌려 주세요.

2.

카레가루와 밀가루를 혼합하여 주세요.

3.

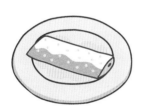

갈치에 2번의 가루를 골고루 묻혀 주세요.

4.

팬에 식용유를 두르고 앞뒤로 노릇노릇 구워 주세요.

POINT

하나. 카레가루와 밀가루를 비닐 팩에 넣어주고 살짝 흔들고 나서 갈치를 넣으면 갈치에 고르게 가루가 묻혀져요.

둘. 소금, 후춧가루를 뿌린 후 30분 정도 후에 조리해야 속살까지 소금 간이 스며들어요.

에그팬케이크

에그팬케이크는 일본요리 오코노미야끼랍니다.
달걀에 채소와 해산물을 넣어 팬에서 지진 후 가쯔오브시를 뿌려 먹는 음식이에요.
모든 영양소가 골고루 들어있어요.

양배추	50g	칵테일 새우	50g
적양파	30g	브로커리	30g
달걀	3개	새우가루	1작은술
가쯔오브시 가루	1작은술	설탕	1작은술
정종	1작은술	가쯔오브시	1큰술
소금			

(소스) 마요네즈 3큰술, 바비큐 소스 1큰술

1.

달걀에 소금, 설탕, 정종을
넣어 고르게 풀어주고 체에
내려 주세요.

2.

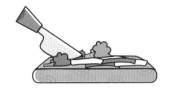

채소는 채를 썰어 준비해 주세요.

3.

채를 썬 채소를 달걀에 넣어 주세요.

4.

팬에 기름을 두르고 3번을
부어 주고 칵테일 새우를 위에
올려 주세요.

5.

양쪽을 노릇노릇 구워 주세요.

6.

가쯔오브시를 위에 올려주고
소스를 비닐주머니에 넣어
짜주세요.

POINT

하나. 달걀을 충분히 풀어 줘야 맛이 부드러워요.
둘. 달걀물에 채소를 넣은 후 팬에 처음엔 달걀물 → 채소 → 달걀물이 부어질 수 있도록 3번 나눠서
넣어주면 달걀 오꼬노미야끼가 갈라지지 않아요.

구멍 송송 연근강정

 엄마가 알려주는 영양 가득 음식 이야기

연근은 연꽃과에 속하는 여러해살이 수상식물의 뿌리예요.
뿌리는 요리에 쓰이고 생식도 하며 전분과 분말 제조에 쓰여요.
칼에 베이거나 코피가 날 때 연근즙을 적셔 막으면 지혈이 잘되고 위염에도 효과가 있어요.

연근	100g	검은깨	1큰술
볶은 참깨	1큰술	조림간장	1큰술
물엿	3큰술	전분	1큰술

1.

연근을 끓는 소금물에 데쳐 주세요.
(소금물에 데치면 아린 맛을 제거해
줘요!)

2.

거즈면이나
키친타월로~

수분을 제거한 연근에 전분을
고루게 발라 주세요.

3.

팬에 식용유를 두르고 연근을
노릇노릇 구워 주세요.

4.

간장1큰술   물엿1큰술

팬에 간장, 물엿을 넣어
바글바글 끓여 주세요.

5.

연근에 볶은 깨를 고루게
뿌려 주세요.

POINT

하나. 연근은 데친 후 튀김옷을 입혀 기름에 튀긴 튀김요리도 짱이에요!
둘. 연근은 삶을 때 충분히 삶아 주세요.

고등어된장조림

 엄마가 알려주는 영양 가득 음식 이야기

등푸른생선은 양질의 단백질과 두뇌 발달에 도움을 주는 DHA가 풍부해 성장기 아이에게 좋은 식품이예요.
불포화지방산이 혈중 콜레스테롤을 적정하게 유지해 줘서 노화를 방지하고 심장을 튼튼하게 해준대요.

고등어	1토막	당근	30g
무	30g	생강	5g

(소스) 간장 2큰술, 설탕 1큰술, 정종 1큰술, 일본 된장 1작은술, 다시마가루 1작은술, 물엿 1큰술, 물 1컵

만들어 보아요

1.

식초물

고등어는 손질하여 식초물에 씻어주세요.
(식초가 비린내를 제거해 줘요!)

2.

무와 당근은 모양틀에 찍어 주세요.

3.

고등어에 소스를 넣고 생강,
당근, 무를 넣어 조림해 주세요.

4.

조려진 고등어에 참기름을
넣어 주세요.

POINT

하나. 고등어는 물 3컵에 식초 1작은술을 넣고 마지막 헹궈줄 때 1분 가량 담갔다가 건져 주세요.
둘. 고등어가 연한 경우 소스에 무를 넣고 한 번 끓인 후 고등어를 넣으면 살이 단단하고 부스러지지 않아요.

두부고추장강정

엄마가 알려주는 영양 가득 음식 이야기

두부는 콩단백질이 풍부하고 소화도 잘되는 최고의 식품이에요.
수분이 많아 칼로리가 비교적 적고 콜레스테롤이 없는 건강식품이지요.

재료

| 두부 | 1/2모 | 전분 | 2큰술 |
| 소금, 참기름 |

(소스) 고추장 1큰술, 칠리 소스 1큰술, 꿀 2큰술,
케첩 1큰술, 조림간장 1작은술, 참깻가루 1작은술,
굴 소스 1작은술, 물 3큰술

1.

두부를 깍둑 썰기 해서 소금을
살짝 뿌려 주세요.

2.

거즈면이나
키친타월로~

기름에 튀겨 주세요

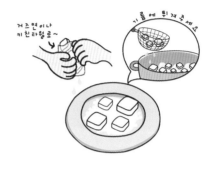

수분을 제거한 후 전분을 묻혀
식용유에 튀겨 주세요.

3.

소스를 냄비에 넣어 바글바글
졸여 주세요.

4.

튀긴 두부를 소스에 넣어
버무려 주고 참기름을 넣어
주세요.

POINT

하나. 두부는 수분을 제거해야 튀길 때 기름이 튀어 오르지 않아요.

둘. 두부는 부침용으로 단단한 것을 사용하면 좋아요.

아삭이 피클

엄마가 알려주는 영양 가득 음식 이야기

오이는 수분이 풍부하고 우리 몸속의 노폐물을 제거해 줘요.
갈증 해소에 탁월하며 오이의 비타민 C는 피로 회복과 피부미용에도 효과가 있답니다.

70 · 똑똑이와 튼튼이를 위한 푸드 스토리

물	2컵	식초	1/2컵
황설탕	1/2컵	생강	10g
계피	소량	월계수잎	2장
통 후춧가루	1작은술	오이	1개
레몬	1쪽		

1.

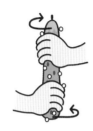

오이를 소금에 비벼 깨끗이 씻어
주세요.
(오이에 가시와 불순물을 제거해
줘요!)

2.

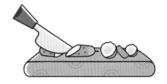

오이를 동글동글 썰어 주세요.

3.

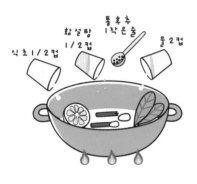

냄비에 재료를 넣어 끓여 주세요.

4.

약간 식혀준 후 썰은 오이에
부어 주세요.

POINT

하나. 오이는 수분을 제거한 후 썰어 주세요.
둘. 피클은 하루 정도 실온에 두었다가 냉장고에 넣어 주세요.

3장

엄마랑 배워보는

궁중요리

탕탕탕 탕평채

 엄마가 알려주는 영양 가득 음식 이야기

청포묵이란 녹두의 전분을 재료로 하여 만든 하얀 묵이에요. 녹두는 팥과 비슷하게 생겼으며 녹색이에요.
소화 흡수성이 좋고 피로 회복에도 아주 탁월하대요.

만 들 어
보 아 요

재료

청포묵	1모	미나리	20g
표고버섯	10g	소고기	50g
오이	1/2개	달걀	1개
백년초가루	1작은술	참기름, 깨소금, 소금	

(불고기 양념) 간장 1큰술, 설탕 1작은술, 다진 파 1작은술,
다진 마늘 1/2작은술, 참기름 1작은술, 깨소금 1/2작은술

1.

굵게 채를 썬 청포묵과 미나리
는 끓는 소금물에 데쳐 찬물에
헹궈 주세요.

2.

물 1컵에 백년초가루를 넣고 데친
청포묵을 담가 물들여 주세요.

3.

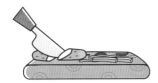

표고, 소고기, 오이는 채를 썰어
주세요.
(불고기 양념장으로 표고, 소고기는
양념해 주세요.)

4.

달걀을 풀어 지단을 부쳐 주세요.
(엄마가 도와주세요!)
지단은 가늘게 채를 썰어 주세요.

5.

오이, 표고, 소고기를 팬에서
볶아 주세요.

6.

붉게 물든 청포묵은 수분을 제거
하고 참기름, 소금으로 간해 주세요.

POINT

하나. 데친 청포묵이 약간 따뜻할 때 백년초 물을 드리면 빨리 잘 물들어요.
둘. 양념에 묵을 담고 재료를 올려 주세요.

돌돌말이 밀전

 엄마가 알려주는 영양 가득 음식 이야기

메밀은 곡류 중에서 단백질이 비교적 많이 함유되어 있으며, 혈관벽을 튼튼하게 해주는 루틴이라는 성분이 있어서 고혈압 예방에 좋아요.

메밀가루	1컵	당면	5g
파프리카(색깔별로)	1/4쪽	미나리	

(양념) 간장 1/2큰술, 굴 소스 1/2작은술, 다진 파,
다진 마늘 1/2작은술, 참기름 1작은술,
깨소금 1/2작은술

물1컵+3큰술

1.
메밀가루 1컵에 물 1컵 + 3큰술을
넣고 소금 간을 한 후 거품기로
잘 풀어 주세요.

2.
풀어놓은 메밀가루를 고운체에
내려 주세요.
(반죽이 매끄러워져요!)

3.
팬에 식용유를 두르고 삶은 당면과
양념장을 넣어 볶아 주세요.

4.
파프리카는 채를 썰어 소금
간 후 팬에서 볶아 주세요.

5.
메밀 반죽을 1큰술씩 팬에서
둥글게 부쳐 주세요.

6.
식은 메밀전에 당면과 파프리카를
넣어 돌돌 말고, 데친 미나리로
묶어 주세요.

POINT

하나. 메밀 반죽을 거품기로 충분히 저어주면 쫄깃하고 얇게 밀전을 부칠 수 있어요.
둘. 잡채를 활용해 말이를 해주어도 돼요.

쏙쏙 오이소박이

 엄마가 알려주는 영양 가득 음식 이야기

오이는 열대성 채소로서 90%가 수분으로 이루어져 있어 갈증을 멎게 해요.
비타민 C가 들어 있어 피부를 하얗고 이쁘게 만들어 주고 감기 예방에도 효과가 크답니다.

재료

오이	1개	부추	5g
무	30g	다진 마늘	1작은술
생강즙	1/2작은술	오미자	3큰술
물	1/2컵	소금	1큰술
설탕	1작은술		

1.

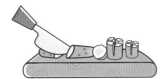

소금에 비벼 씻은 오이는 3cm
정도 동글게 썰어 십자 칼집을
넣어 주세요.

2.

소금물에 오이를 절여 주세요.

3.

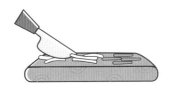

부추는 종종 썰고 무는 채를
썰어 주세요.

4.

채를 썬 무에 다진 마늘, 생강즙,
설탕을 넣어 양념하고 부추를
넣어 주세요.

5.

미지근한 물에 씻은 오미자를
넣어 우려내 주세요.

6.

절인 오이에 양념한 부추 무채를
십자 칼집 넣은 곳에 채워 주세요.
(오미자 물에 소금 간을 해주세요)

POINT

하나. 오미자를 씻어 6시간 정도 두었다가 냉장고에 넣어 주세요.
둘. 우려낸 오미자에 꿀을 넣어 차로 마시면 새콤달콤 감기 예방에 아주 좋은 차가 되지요.

배 안에 영양 가득 배고

엄마가 알려주는 영양 가득 음식 이야기

배는 예로부터 갈증 해소에 좋은 과일이예요.
배즙은 고기를 연하게 하며 천식이나 기침이 심할 때 배즙에 생강즙을 넣어 마시면 효과가 있답니다.

재료

배	1개	대추	3개
은행	3개	꿀	2큰술
생강	5g	잣	5g

1.

배의 윗부분을 잘라내고
배 속을 파내 주세요.

2.

파낸 배 속과 꿀, 생강편, 대추를
넣어 파낸 배 속에 다시 채워
주세요.

3.

찜통에 올려 40분가량 찜해
주세요.

4.

은행은 팬에 볶아서 껍질을
제거 후 배 속에 넣어 주세요.

5.

잣은 고명으로 위에 살짝
올려 주세요.

POINT

하나. 배 속을 파낼 때 배를 살짝 찜통에 찐 후 수저로 돌려가며 파주세요.
둘. 보통 불에서 오래 찜이 될 수 있도록 하세요.

궁중떡볶이

엄마가 알려주는 영양 가득 음식 이야기

궁중떡볶이는 고추가 우리나라에 들어오기 전 임금님이 즐겼던 귀한 음식이었대요.
옛날에는 명절 때만 먹는 귀한 음식이었다고 하네요~!
소고기를 넣어 고추장이 아닌 간장으로 양념해 색다른 맛을 느낄 수가 있어요.

절편	6개	표고	10g
소고기	30g	당근	20g
양파	20g	깨소금, 참기름	

(양념) 조림간장, 1큰술, 물엿 1큰술, 참기름 1작은 술
(불고기 양념) 간장 1큰술, 설탕 1작은술, 다진 파 1작은술,
다진 마늘 1/2작은술, 참기름 1작은술, 깨소금 1/2작은술

만들어
보아요

1.

절편을 썰어 끓는 소금물에
데쳐 주세요.

2.

표고, 소고기, 당근, 양파는 채를
썰어 주세요.

3.

소고기와 표고는 불고기 양념을
해주세요.

4.

양파, 당근, 표고, 소고기는
순서로 팬에서 볶아 주세요.

5.

팬에 식용유를 두르고 절편과
양념을 넣고 볶아 주세요.

6.

볶은 재료를 섞어 주고 깨소금,
참기름을 넣어 주세요.

POINT

하나. 떡을 데친 후 찬물에 헹궈주면 더 쫄깃해 져요.
둘. 떡꼬치 양념으로 매콤한 떡볶이를 만들어 보아요.

얌얌 닭곰탕

 엄마가 알려주는 영양 가득 음식 이야기

닭고기는 단백질이 풍부해 성장기 어린이의 두뇌 발달에 도움이 많이 돼요.
또한 닭 가슴살은 지방이 적어 칼로리가 낮으므로 다이어트 식으로도 좋아요.

재료

닭	1마리	호박	1/2개
달걀	2개	표고	2개
수삼	1개	황기	2뿌리
들깻가루	1/2컵	소금, 참기름, 깨소금	

1.

씻은 닭에 황기를 넣어 삶아
주세요.

2.

뼈는 더 끓여주세요

닭살은 찢어 참기름, 깨소금,
소금으로 양념하고 뼈는 더 끓여
육수를 만들어 주세요.
(육수는 면보에 걸러 주세요.)

3.

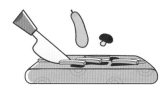

호박과 표고는 채를 썰어 주세요.

4.

각각 볶아주세요

채썬 호박과 표고를 식용유에
볶아 주세요.

5.

육수에 수삼편을 넣고 들깻가루를
넣어 끓여 주세요.

6.

그릇에 닭살, 호박, 표고, 달걀을
올리고 끓인 육수를 부어 주세요.

POINT

닭고기는 30분 정도 삶은 후 식혀 찢어 주세요.
너무 오래 삶으면 퍽퍽하고 고기맛이 없어져요.

장금이의 호박떡

 엄마가 알려주는 영양 가득 음식 이야기

단호박은 맛과 영양이 뛰어난 건강에 좋은 채소예요.
탄수화물, 섬유질 및 각종 비타민이 듬뿍 들어 있어 성장기 어린이와 허약 체질에 좋은 영양식이랍니다.

만들어
보아요

재료

멥쌀가루	5컵	단호박	1/4개
설탕	5큰술	우유	3큰술
고명, 호박씨	1/2큰술	잣	1/2큰술
소금	1/2작은술		

1.

단호박 껍질과 씨를 제거하고
잘게 썰어 믹서기에 갈아 주세요.

2.

멥쌀가루에 설탕, 소금, 우유,
갈은 호박을 넣어 비벼 주세요.

3.

떡가루는 2번 체에 내려 주세요.

4.

찜통에 떡가루를 넣고 찜기에
올려 25분 정도 쪄 주세요.

5.

쪄낸 호박떡 위에 호박씨와
잣을 고명으로 올려 주세요.

POINT

하나. 고은 체에 내려주면 떡이 부드러워져요.
둘. 우유는 떡가루에 수분을 맞출 때 쓰세요. 손으로 눌러 뭉쳐질 정도면 돼요.

새콤달콤 오미자차

 ## 엄마가 알려주는 영양 가득 음식 이야기

오미자는 달고, 시고, 맵고, 짜고, 쓴맛의 5가지 맛이 들어 있어 오미자라고 한대요.
보통 차로 많이 이용하는데 피로 회복에 좋고 감기 예방에 탁월하답니다.

오미자	1/2컵	생수	6컵
꿀	7큰술	설탕	1큰술
고명, 잣	5g	배	1/8쪽

1.

씻은 오미자를 생수에 담가
6시간 정도 우려내 주세요.

2.

꿀 7큰술

우려 낸 오미자 물에 꿀을
넣어 주세요.

3.

배는 모양틀에 찍어주세요.

배는 모양 틀에 찍어 연한 설탕물에
담갔다가 잣과 함께 오미자차에
고명으로 올리세요.

POINT

하나. 정수 물이 미지근한 25℃ 정도 되도록 준비해 주면 오미자 물이 잘 우러나와요.
둘. 겨울에 따뜻하게 차로 마셔도 좋아요.

쿵쿵쿵 콩경단 ♥

밤은 소화가 잘 되는 식품이에요.
소화가 잘 되는 밤은 위와 장을 튼튼하게 해주고, 배탈이나 설사에도 먹으면 효과가 좋다고 해요.

만들어
보아요

찹쌀가루	1컵	콩	3큰술
밤	3개	설탕	2큰술
소금	1/4작은술	참기름	1작은술

1.

찹쌀가루에 설탕, 소금을 넣어
골고루 섞은 후 체에 내려주세요.

2.

물을 약간 넣어 손으로 비비고
콩, 밤을 넣어 주세요.
(밤은 콩의 크기만큼 잘게 썰어
주세요.)

3.

찜통에 넣어 20분 정도 쪄주세요.

4.

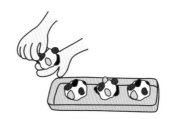

약간 식으면 손에 참기름을
묻히고 동그랗게 경단을
만들어요.

POINT

하나. 찜통에 찐 떡을 손으로 많이 주물러 치대면 더 쫄깃해 져요.
둘. 경단을 콩가루나 깻가루에 굴려주면 영양이 더 좋아지겠죠?

전통 맛 비빔국수

 엄마가 알려주는 영양 가득 음식 이야기

표고버섯은 비타민, 미네랄, 섬유질이 많이 들어 있는데 특히 비타민 B_1과 B_2가 많이 들어 있는데요. 말린 표고버섯은 비타민 D가 아주 많아 어린이의 뼈 성장을 도와 준대요!

만 들 어
보 아 요

재료

국수	50g	양상추	1/4통
오이	1/2개	당근	20g
표고	2장	소고기	30g
방울토마토			

(양념) 간장 1큰술, 설탕 1작은술, 참기름 1작은술,
깨소금 1/2작은술

1.

국수는 끓는 물에 삶아
찬물에 헹궈주세요.

2.

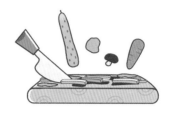

오이, 당근, 표고, 소고기는 채를
썰어 주세요.

3.

표고, 소고기는 불고기 양념을
넣어 버무려 주세요.

4.

오이, 당근, 표고, 소고기는
팬에서 볶아 주세요.

5.

삶은 국수에 양념을 넣어
버무려 주세요.

POINT

하나. 찬물에 국수를 여러 번 헹궈야 쫄깃해져요.
둘. 채소와 소고기는 볶은 후 식혀 국수에 곁들여 주세요.

간장황태맛구이

황태는 추운 겨울에 '명태'를 얼리고 녹이기를 3개월 이상 반복한 것이에요.
명태가 말라 황태가 되면 수분이 감소하므로 단백질 함량이 높아져요.
콜레스테롤은 거의 없고 신진대사를 활발하게 해줘요.

 재료

황태   1마리

(소스) 간장 2큰술, 참기름 1작은술, 다시마가루 1작은술, 참깻가루 1작은술, 설탕 1큰술, 마늘 1작은술, 파 1작은술, 양파 다진 것 2큰술, 물 1/2컵

(유장소스) 간장 1작은술, 참기름 1큰술

만 들 어
보 아 요

1.

황태를 반으로 가르고 지느러미를 제거한 후 미지근한 물에 불려 주세요.

2.

거즈면이나
키친타월로~

황태를 수분을 제거하고 양쪽으로 칼집을 넣어 주세요.
(칼집을 넣어야 구울 때 오그라들지 않아요.)

3.

칼집을 낸 황태에 유장 소스를 발라 구워 주세요.

4.

소스를 부어 졸이면서 구워 주세요.

POINT

하나. 황태는 10분 정도만 불려주세요. 오래 불리면 맛 성분이 빠져 맛이 없어져요.

둘. 황태가 많은 경우 유장 소스를 발라 구워 준 다음 소스에 재웠다가 필요한 만큼 구워도 좋아요.

조물조물 약밥

 엄마가 알려주는 영양 가득 음식 이야기

무화과는 10월쯤 먹을 수 있는 과일이에요. 말려서 먹기도 하지요.
항암 작용, 소화 작용, 설사에도 좋고 식욕 촉진 및 변비, 장염에도 효과적이에요.

불린 찹쌀	2컵	무화과	5개
밤(조림한 것)	5개	건포도	3큰술
잣	2큰술	대추	5개
흑설탕	1컵	물	1컵
소금		참기름	1큰술

1.

불린 쌀을 흑설탕, 소금, 참기름을 넣어 한 시간 가량 두세요.

2.

무화과는 설탕물에 부드럽게 불려 주세요.

3.
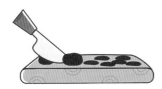

대추는 씨를 빼고 채를 썰어 주세요.

4.

불린 찹쌀을 압력솥에 넣어 밥을 지어 주세요.

5.

찹쌀밥에 무화과, 건포도, 대추, 밤조림을 넣고 고르게 섞어 주세요
(밤조림 : 깐밤 5개, 물 1컵, 황설탕 2큰술, 물엿 1큰술, 소금 1/2작은술을 넣어 졸여주세요.)

6.
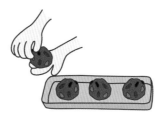

조물조물 약밥을 뭉쳐 크기별로 만들어요.

POINT

하나. 쌀은 충분히 불려주고 설탕을 넣어 색이 들게 한 후 밥을 지으세요.
둘. 견과류를 넣고 버무릴 때 다시금 참기름을 살짝 더 넣어 주세요.

COLOR FOOD

red color

젊음을 지켜주는 정열의 빨간색

딸기, 토마토, 수박, 적포도 등에는 라이코펜이 암 예방과 폐 기능에 큰 도움을 준다고 해요~
블루베리, 체리, 붉은 고추, 파프리카 등에는 안토시안 색소가 들어있어요 심장과 혈관을 튼튼하게 해줘요.

green color

삶에 활력을 주는 파워 초록색

시금치, 호박, 고추, 피망, 오이, 브로콜리 등 푸른색 채소에는 비타민, 철분, 섬유질이 풍부해서 신진대사를 활발하게 하고 피로를 풀어준다고 해요. 엽록소에는 자연 치유력을 높여주고 세포 재생을 도와 노화 예방에도 도움을 준다고 해요.

yellow color

몸속의 독소를 제거하는 노란색

호박, 파프리카, 레몬, 고구마, 오렌지, 당근, 바나나 등에는 베타카로틴이 들어 있어요. 몸속의 나쁜 산소가 세포막과 유전자를 손상시키지 못하게 도움을 주고 면역력을 강하게 해주며 장을 튼튼하게 하고 피부를 예쁘게 해준다고 해요.

건강을 책임지는 흰색과 장수의 비결 검은색

양파, 버섯, 무, 마늘, 연근, 감자 등에는 안토크산틴 색소가 들어있다고 해요. 체내 산화작용을 억제하며 유해 물질을 몸 밖으로 방출시키고 균과 바이러스에 저항력을 길러준다고 해요. 검은콩, 검은깨, 검은쌀, 캐비아 등 검은색을 띠는 식품에 들어 있는 물질은 체내 활성산소를 중화시키는 역할과 신진대사와 혈액순환에 도움을 준다고 해요.

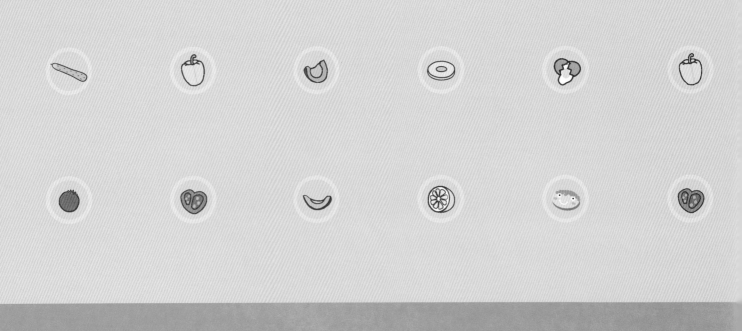

포테이토스노우맨샐러드

 엄마가 알려주는 영양 가득 음식 이야기

감자는 다른 서류에 비해 수분함량이 많아서 전분함량이 적으므로 칼로리가 낮답니다. 우리의 주식이 되면
서도 저칼로리 음식이에요. 식이 성분이 많아 다이어트에 도움을 주어요.

재료

감자	2개	생크림	1작은술
마요네즈	1작은술	소금	1/4작은술
파프리카		건포도, 당근	
별사탕		슈거파우더	
파슬리			

만들어
보아요

1.

감자는 깨끗이 손질하여 삶아
주세요.

2.

삶은 감자는 껍질을 벗기고
뜨거울 때 으깨 주세요.

3.

으깬 감자에 생크림, 마요네즈,
소금을 넣어 잘 섞어 주세요.

4.

잘 섞어준 감자를 동글동글
눈사람을 만들어요.

5.

건포도, 당근, 파프리카를 이용해서
눈, 코, 입을 만들어 주세요.

POINT

하나. 감자가 익으면 물을 따라 버리고 불에 냄비를 올려 굴려주면 수분이 제거되어 파실파실한 맛있
는 감자가 되요.
둘. 한 입 크기로 만들어 볶은 콩가루나 검은깻가루를 묻혀주면 경단이 되지요.

견과류 단호박맛탕

엄마가 알려주는 영양 가득 음식 이야기

단호박은 β-카로틴이 풍부하여 암을 예방하는 힘을 가지고 있대요.
맛과 영양이 뛰어난 채소로 탄수화물, 섬유질, 각종 비타민과 미네랄이 듬뿍 들어 있어 성장기에 좋은 영양식이에요.

1.

단호박을 돗단배 모양과 깍둑
모양으로 썰어 살짝 데쳐 주세요.

2.

수분을 제거한 단호박을
식용유에 튀겨 주세요.

3.

물엿과 황설탕, 물을 넣어 끓여서
맛탕 소스를 만들어 주세요.

4.

호두, 호박씨를 맛탕에 넣어
주세요.

POINT

하나. 튀기기 전에 데쳐주면 기름에서 살짝만 튀겨줘도 돼요.
둘. 호두와 호박씨는 팬에서 살짝 볶아주면 고소해 져요.

울퉁불퉁 코코볼

 엄마가 알려주는 영양 가득 음식 이야기

마시멜로는 덴마크 남쪽에 있는 유럽 지역에 많이 나는 허브 종류 이름이래요.
그리스어로 '치료하다' 라는 뜻입니다.
우리가 먹는 과자 마시멜로는 바로 이 허브에서 이름을 따온 것이에요.

재료

코코볼	2컵	호박씨	2큰술
크랜베리	1큰술	코코넛 슬라이스	2큰술
마시멜로	5개	버터	1큰술
생크림	1큰술	초코릿(칩)	2큰술
깨 스틱	6개	레인보우	소량

1.

마시멜로, 버터, 생크림, 초콜릿을
넣어 바글바글 끓여 주세요.

2.

1번의 재료에 코코볼, 호박씨,
크랜베리, 코코넛을 넣어 섞어
주세요.

3.

손으로 꼭꼭 눌러 뭉쳐 주세요

4.

깨 스틱에 꽂아 울퉁불퉁
도깨비 방망이를 만들어 주세요.

POINT

하나. 마시멜로가 충분이 끈기있게 끓었을 때 코코볼을 넣어야 눅눅하지 않고 파삭해요.
둘. 한 입 크기로 작게 볼로 만들어 통에 보관하고 간식으로 먹으면 좋아요.

쫀득쫀득 떡꼬치

엄마가 알려주는 영양 가득 음식 이야기

가래떡 이야기

멥쌀가루를 불려 곱게 빻은 후 찜통에 쪄서 기계로 압축시켜 만든 떡이에요.
떡국용, 떡볶이용, 모양떡 등 다양하게 틀에 따라 만들어져요.

 재료

모양 떡　　　16개　　꼬치　　4개
떡꼬치 소스

(떡꼬치 소스) 고추장 1작은술, 소윗칠리 소스 2큰술,
검은깨, 케첩 1큰술, 꿀 1큰술, 바비큐 소스 1작은술

1.

떡은 끓는 소금물에 데쳐
말랑말랑하게 준비해요.

2.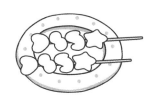

꼬치에 모양 떡을 꽂아 주세요.

3.

팬에 식용유를 두르고 떡꼬치를
노릇노릇 구워 주세요.

4.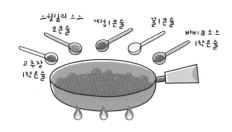

떡꼬치 소스를 팬에서 바글바글
끓여 주세요.

5.

노릇하게 구운 떡꼬치에 소스를
곁들여 주세요.

POINT

하나. 소스를 한 번에 많이 만들어 냉장고에 두었다가 사용해요.
둘. 구운 떡에 소스를 넣고 살짝 졸여주면 강정 맛이 나요.

시나몬과일도넛

 엄마가 알려주는 영양 가득 음식 이야기

비타민과 미네랄이 풍부한 사과와 식이섬유가 풍부한 바나나를 섞어 도넛 가루에 버무려 튀겨 보아요.
영양만점의 '간식'이 돼요.

만들어
보아요

재료

바나나	1개	사과	1/2쪽
건포도	2큰술	도넛가루	1컵
우유	1/4컵		

(시나몬슈거) 황설탕 3큰술, 계핏가루 1작은술

1.

바나나와 사과는 다져서 준비
하세요.

2.

도넛가루에 우유를 넣고 다진
과일과 건포도를 넣어 섞어 주세요.

3.

식용유에 노릇노릇 한 숟가락
씩 도넛을 튀겨 주세요.

4.

튀긴 도넛에 시나몬 슈거를
고르게 묻혀 주세요.

POINT

하나. 바나나와 사과는 씹히는 맛이 있게 크기를 만들어 주세요.
둘. 뜨거울 때 시나몬 슈거를 묻혀야 잘 묻어나요.

문어짱동글구이

 엄마가 알려주는 영양 가득 음식 이야기

문어는 타우린이란 성분이 아주 많이 들어 있는데 간의 해독 작용과 피로 회복에 아주 뛰어나다고 해요.

밀가루	1컵	문어	50g
브로커리	30g	달걀	1개
물	1컵	간장	1작은술
가쯔오브시	소량	새우가루	1작은술
마요네즈	2큰술		

(간장 소스) 간장 2큰술, 물엿 2큰술

1.

문어는 끓는 소금물에 데쳐
물기를 제거 후 썰어 주세요.

2.

밀가루, 달걀, 간장, 새우가루,
물을 넣고 반죽해 주세요.

3.

브로커리는 곱게 다져 2번
반죽에 섞어 주세요.

4.

다꼬야끼팬에 식용유를 발라주고
반죽을 부어 썰어놓은 문어를
올려 주세요.

5.

젓가락으로 반죽을 동글동글
굴려서 다꼬야끼를 익혀 주세요.

6.

다 익은 후에 마요네즈와
간장 소스를 뿌려주고
가쯔오브시를 올려주세요.

POINT

하나. 익혀진 숙 문어를 사용해도 되고 냉동된 것은 해동해서 사용해도 좋아요.
둘. 반죽은 30분 정도 냉장고에 두었다가 익혀주면 맛이 더 좋아요.

완두콩꽃밭전

완두콩은 탄수화물이 많고 단백질 함량이 높은 편이라 성장기 아이들에게 좋아요. 비타민 A가 풍부해 피부미용에도 좋답니다.
밥 할 때 넣어 먹거나 스프, 샐러드 등에 넣어 먹으면 잘 어울려요.

만들어
보아요

재료

| 완두콩 | 50g | 설탕 | 1작은술 |
| 찹쌀가루 | 1/2컵 | 소금 | 소량 |

(장식용) 스위트콘 1큰술, 파프리카 1/4개,
브로커리 소량

1.

완두콩을 삶아 믹서에서 갈아
주세요.

2.

찹쌀가루에 갈은 완두콩을 넣고
소금, 설탕을 넣어 반죽해
주세요.

3.

팬에 식용유를 두르고 완두전을
1큰술 크기로 부쳐 주세요.

4.

옥수수와 파프리카로 장식해
주세요.

POINT

싱싱한 완두콩이 없을 땐 캔을 사용해도 좋아요. 그러나 꼭!! 데친 후 조리하세요.

내가 꾸민 멋진 식빵 풍경화

 엄마가 알려주는 영양 가득 음식 이야기

식빵을 만들 땐 밀가루, 우유, 달걀, 버터, 소금이 들어가요.
식빵 2쪽이면 밥 한 공기랑 같아요.
매일 빵보다는 밥으로 식사하고 가끔 빵을 먹는 것이 좋아요.

재료

통 식빵, 과자류, 젤리, 땅콩버터, 잼

1.

통 식빵을 빵 칼로 잘라 실온에
두어 표면을 살짝 말려 주세요.

2.

땅콩버터와 잼을 바르고 과자,
젤리로 멋진 풍경화를 만들어요.

POINT

하나. 먹을 수 있는 식재료를 재미있게 꾸미고 식감을 느낄 수 있도록 여러 가지 준비해 주세요.

둘. 꾸미고 싶은 식빵 위에 멋진 작품을 만들어 보세요.

달콤달콤 그라탕

 엄마가 알려주는 영양 가득 음식 이야기

루 이야기

밀가루와 버터를 같은 양 섞어서 볶아준 것을 루라고 하지요. 고소하게 볶은 루는 색에 따라 화이트 루(크림 소스에 사용), 브라운 루(스테익, 돈까스, 스튜에 사용)로 사용해요.

재료

단호박	1/4통	바나나	1/3개
아보카도	1/2쪽	방울토마토	2개
슬라이 치즈	2장	피자 치즈	3큰술
우유	1/4컵	생크림	2큰술
밀가루	1큰술	버터	1큰술
루, 소금, 후춧가루			

1.

단호박, 바나나, 아보카도,
방울토마토를 먹기 좋은 크기로
썰어 주세요.

2.

루 만들기 : 팬에서 버터를 녹인 후
밀가루를 넣어 약한 불에서 볶아
주세요.
(충분히 볶아 고소한 루를 만드세요!)

3.

루에 우유와 생크림을 넣어
고르게 섞은 후 살짝 끓여
후춧가루, 소금 간을 하세요.

4.

그라탕 그릇에 버터를 살짝 바르고
썰어 놓은 재료를 넣어 주세요.

5.

슬라이스 치즈와 피자 치즈를
올려준 후 3번의 화이트 소스
를 부어 주세요.

6.

오븐에 넣어 180℃ 온도에서
20분가량 익혀주세요.

POINT

루는 한 번에 많이 만들어 굳혀 작은 크기로 만들어 냉장고에 보관하고 사용하면 편리해요.

오동통 우동볶음

 엄마가 알려주는 영양 가득 음식 이야기

카레 이야기!!
카레 속 강황 성분에는 커큐민 색소가 들어 있어 염증을 감소시키고, 치매 예방에도 좋다고 해요.
그러나 치아가 변색될 수 있다고 하니 카레 음식을 먹은 뒤 즉시 양치질하는 것을 잊으면 안 돼요.

만들어
보아요

재료

| 우동 | 1봉지 | 파프리카(색깔별) | 2개 |
| 베이컨 | 3장 | 버터 | 1작은술 |

(볶음소스) 물 3큰술, 카레가루 1큰술, 물엿 1큰술,
바비큐 소스 1작은술

1.

끓는 물에 우동을 살짝 데쳐
찬물에 헹궈 주세요.

2.

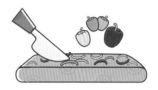

파프리카는 채를 썰어 주세요.

3.

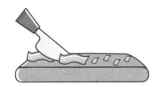

베이컨은 주사위 크기로 잘라
주세요.

4.

카레가루, 물, 물엿, 바비큐 소스를
넣어 볶음 소스를 만들어 주세요.

5.

팬에 버터와 식용유을 두르고
파프리카와 베이컨을 볶은 후
우동을 볶아 주세요.

6.

볶음 소스를 넣어 양념이 고르게
섞이도록 볶아 주세요.

POINT

하나. 데친 우동은 체에 받쳐 수분을 빼서 조리하세요.
둘. 소스를 충분히 풀어 만들어 주세요.

뚝딱 단호박스프

 엄마가 알려주는 영양 가득 음식 이야기

단호박은 맛과 영양이 뛰어난 채소예요.
소화 흡수도 잘되고 칼로리가 낮아 다이어트에도 좋아요. 또한 비타민 A와 비타민 C가 풍부하여 감기를
예방해 주고 수분 배설물을 도와 부기를 없애는 효과가 있어요.

만들어 보아요

재료

단호박	1/2개	생크림	3큰술
우유	1컵반	소금	1/2작은술
설탕	2큰술	월계수잎	1장

루 : 밀가루 1큰술, 버터 1큰술
장식 : 쿠르통, 파슬리

1.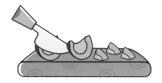

단호박의 씨와 껍질을 제거하고 잘게 썰어 주세요.

2.

냄비에 버터를 소량 넣고 썰은 호박을 볶아 주세요.

3.

호박이 잠길 정도로 물을 붓고 월계수잎 1장을 넣어 끓여 주세요.

4.

호박이 무르게 익으면 월계수잎을 건져내고 믹서기에 넣고 갈아 주세요.

5.

팬에 버터를 녹인 후 밀가루를 넣어 연한 갈색이 나게 볶아 주세요.

6.

갈은 호박을 넣고 우유, 생크림을 넣어 끓여 주고 소금과 설탕을 넣어 간을 하세요.

POINT

하나. 색이 진한 것, 씨가 잘 발달된 것이 당도가 높은 단호박이에요.
둘. 루는 미리 볶아 냉장고에 넣었다가 필요할 때 사용하세요.
셋. 식빵은 사각으로 잘게 썰어 팬에서 노릇하게 구워 쿠르통을 만들어 스프 위에 올려 주세요.

파인애플바나나아이스크림

엄마가 알려주는 영양 가득 음식 이야기

바나나엔 식이섬유가 많아 변비를 예방하고 파인애플은 비타민이 풍부하답니다.
새콤달콤한 바나나와 파인애플을 갈아서 시원한 아이스크림을 만들면, 더운 여름에 먹는 최고의 간식이
될 거예요!

재료

바나나	2개	파인애플 링	2개
우유	1/2컵	생크림	3큰술
꿀	2큰술		

1.

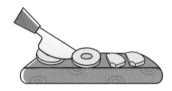

파인애플 링 1개를 잘게 썰어 주세요.

2.

믹서기에 바나나, 파인애플 링,
우유, 생크림, 꿀을 믹서기에
넣어 갈아 주세요.

3.

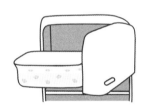

파인애플 썰어 놓은 것을 함께 섞어
통에 넣어 냉동실에 넣어 주세요.
(두 시간에 한 번씩 꺼내서 섞어주면
맛이 부드러워 져요.)

POINT

하나, 바나나는 바로 썰어 사용해야 갈변이 없어요.
둘. 통에서 여러 번 섞는 것을 반복해야 아이스크림이 부드러워요.

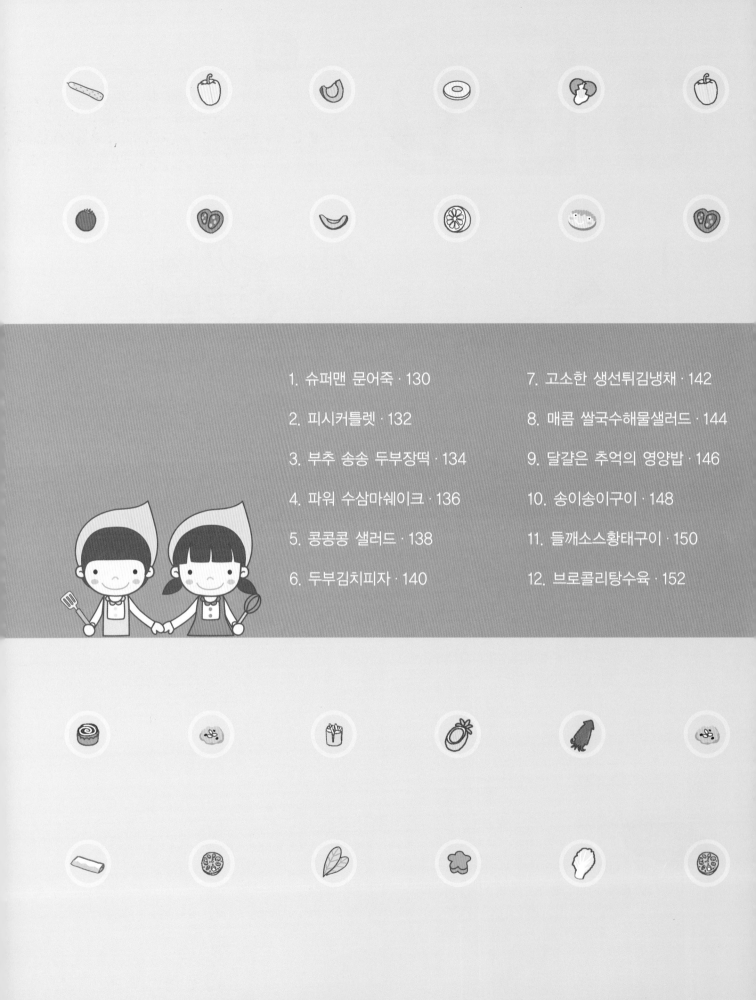

슈퍼맨 문어죽

엄마가 알려주는 영양 가득 음식 이야기

문어는 시력 회복과 빈혈 방지에 상당한 효과가 있대요.
타우린이란 성분이 많이 들어 있어 간의 해독 작용과 피로 회복에 좋답니다.

재료

데친 문어	30g	부추	5g
밥	1/2공기	메추리알	1개
새우가루	1작은술	깨소금	1/4작은술
참기름	1/2작은술	소금	소량

1.

데친 문어를 잘게 썰어 참기름에
볶아 주세요.

2.

밥을 넣고 물을 부어 끓여 주세요.

3.

새우가루 1작은술을 넣어 주세요.

4.

메추리알을 삶아 껍질을 제거해
주세요.

5.

부추는 종종 썰어 죽에 넣어
주세요.

6.

깨소금, 참기름, 소금을 넣어
간을 맞춰 주세요.

POINT

하나. 불린 쌀을 믹서에 살짝 갈아 문어랑 참기름에 볶아주면 죽맛이 더 끝내줘요!
둘. 부추는 죽이 완성되는 단계에 넣어 주세요.

피시커틀렛

 엄마가 알려주는 영양 가득 음식 이야기

대구는 뼈와 살이 되는 양질의 단백질과 칼슘을 함유하고 있어요.
또한, 대구 알에는 비타민 A, 비타민 D가 풍부하답니다.

재료

대구 살	100g	브로커리	10g
당근	5g	달걀	2개
전분	1큰술	빵가루	1/2컵
밀가루	2큰술	소금	소량
후춧가루	소량		

(소스) 마요네즈 2큰술, 레몬즙 1작은술, 소금 소량,
키위, 파인애플 소량

1.

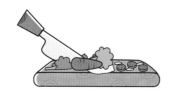

생선살과 채소를 곱게 다져 주세요.

2.

생선과 채소에 달걀, 전분, 소금,
후춧가루를 넣어 간을 해주세요.

3.

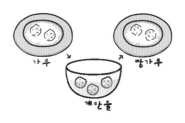

둥글게 완자를 만들어 밀가루,
달걀, 빵가루 순으로 묻혀 주세요.

4.

식용유에 노릇노릇 튀겨 주세요.

5.

마요네즈, 레몬즙, 소금, 키위,
파일애플을 다져 소스를
만들어 주세요.

POINT

하나. 생선살은 달걀과 함께 믹서기에서 2~3분간 돌려주면 곱게 갈아져요.
둘. 튀긴 피쉬커틀렛은 꼬치에 꽂아주면 먹기 좋아요.

부추 송송 두부장떡

엄마가 알려주는 영양 가득 음식 이야기

두부의 주원료는 콩이에요.
콩에는 단백질과 필수지방산이 많아 성장기 어린이 두뇌 발전에 효과적이며 뼈와 근육 성장에 도움을 많이
준대요. 부추는 시력을 좋게 하는 비타민 A가 풍부하고 혈액순환을 원활하게 하는 아빠를 위한 스태미너
음식이에요. 돼지고기 요리에 잘 어울리는 채소랍니다.

만들어
보아요

재료

두부	1/4쪽	밀가루	1컵
달걀	1개	고추장	1큰술
부추	10g	홍고추	1개
물	2/3컵	가쯔오브시 가루	1/2작은술

1.

두부는 면보에 싸서 수분을
제거하고 으깨 주세요.

2.

부추는 종종 썰어 주세요.

3.

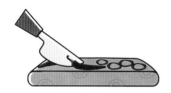

홍고추는 둥글게 썰어 씨를
빼주세요.

4.

밀가루에 달걀, 고추장, 가쯔오
브시 가루, 물을 넣어 반죽해
주세요.

5.

4번의 반죽에 부추와 으깬
두부를 넣어 섞어 주세요.

6.

팬에 식용유를 두르고 한 큰술씩
반죽을 떠 놓고 전을 부치면서
홍고추를 고명으로 올려 주세요.

POINT

하나. 아빠를 위해 매콤한 고추를 다져 넣어 주면 좋겠네요!
둘. 반죽을 거품기로 충분히 저어주면 쫄깃쫄깃 맛 좋은 장떡이 돼요.

파워 수삼마셰이크

엄마가 알려주는 영양 가득 음식 이야기

마는 장내 유익한 균을 증가시키고 병원성 대장균을 감소시키는 효과가 있어요. 또한 마에는 디아스타제
라는 소화 효소가 있어 소화 흡수를 촉진하고 위점막을 보호하는 뮤신이 들어 있어 위를 보호해요.

재료

마	50g	수삼	1뿌리
각 얼음	5개	콩 두유	200ml
꿀	1큰술		

1.
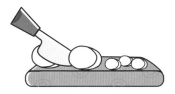

마는 깨끗이 씻어 껍질을 제거하고
썰어 주세요.

2.
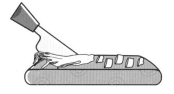

수삼은 깨끗이 씻어 썰어 주세요.

3.

마, 수삼, 얼음, 두유, 꿀을
믹서기에 넣고 갈아 주세요.

POINT

우유를 넣어 주면 깔끔한 맛이 나고, 수삼의 쓴맛을 싫어하면 요구르트를 이용해 보세요.

콩콩콩 샐러드

 엄마가 알려주는 영양 가득 음식 이야기

콩에는 콜레스테롤이 없으며 포화지방산이 적고 식이섬유소가 풍부해요.
혈관에 붙은 중성지방과 콜레스테롤을 감소시켜 고지혈증, 동맥경화증에 좋아요. 검은콩은 아이소플라몬
이 많이 들어 있어 골다공증 예방에 좋아요.

재료

| 모둠 콩 | 100g | 검은깨 라이스페이퍼 | 2장 |

(된장 크림치즈 소스) 크림치즈 1큰술, 일본 된장 1작은술, 꿀 1큰술, 레몬즙 1작은술

1.

모둠 콩을 소금물에 삶아 찬물에 헹궈 식혀 주세요.

2.

새싹은 깨끗이 씻어 주세요.

3.

레몬즙1작은술   꿀1큰술
크림치즈 1큰술   일본된장 1작은술

된장 크림 치즈 소스를 만들어 주세요.
(모둠 재료를 넣고 충분히 휘핑 해 주세요.)

4.

검은깨 라이스페이퍼를 손으로 잘라 기름에 튀겨 주세요.

5.

식은 콩은 소스에 버무려 주세요.

6.

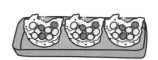

튀긴 라이스페이퍼에 새싹, 콩 샐러드를 올려 주세요.

POINT

하나. 샐러드 콩은 삶은 후 차게 준비하고 수분을 제거해 주세요.
둘. 우리 된장은 향이 강해 일본 된장을 사용하는 것이 샐러드엔 더 좋아요.

두부김치피자 ♥

 엄마가 알려주는 영양 가득 음식 이야기

김치는 저열량 식품이며 식이섬유소가 많고 비타민과 무기질의 좋은 공급원이에요. 또한 유산균에 의해
발효되는 김치는 대장의 건강을 지켜줘요.

재료

두부	1/2모	베이컨	4장
김치	40g	버터	1작은술
피자 치즈	400g		

1.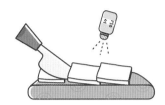

두부를 1cm 두께로 사각 썰기
해서 소금을 살짝 뿌려 주세요.
(소금을 뿌려 주면 두부가 단단해
지고 수분이 제거돼요.)

2.

팬에 식용유를 두르고 두부를
노릇노릇 구워 주세요.

3.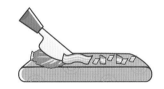

김치와 베이컨은 잘게 썰어
주세요.

4.

팬에 버터를 살짝 두르고
베이컨과 김치를 볶아 주세요.

5.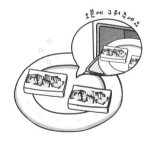

두부 위에 볶은 김치와 베이컨을
올리고 피자 치즈를 뿌려 오븐에서
5분간 구워 주세요.

POINT

하나. 두부를 구워줄 때 기름에 버터를 소량 넣어 주면 고소해 져요.
둘. 노릇노릇 구워야 두부 맛이 좋아요.

고소한 생선튀김냉채

 엄마가 알려주는 영양 가득 음식 이야기

흰살생선에는 대구, 가자미, 농어, 도미 등이 있으며, 비타민 B_2가 풍부해 각종 염증을 예방, 치료해 준답니다. 칼로리가 낮은 흰살생선은 근육을 튼튼하게 해주며 시력 강화, 노화 방지, 콜레스테롤 수치를 낮춰 준대요.

재료

라이스페이퍼	1장	대구 살	100g
땅콩가루	1큰술	전분	1큰술
소금, 후춧가루	소량	쌀국수	2g

(고명) 파채 5g, 당근채 5g, 깻잎채 5g
(마늘오이소스) 오이1/3쪽, 다진마늘 1큰술, 식초 1큰술, 꿀 1큰술, 레몬즙 1작은술, 소금 소량

만들어
보아요

1.

대구 살을 굵은 채를 썰어 소금, 후춧가루 간을 하세요. 땅콩가루 전분을 넣어 손으로 꼭꼭 주물러 주세요.

2.

식용유에 노릇노릇 튀겨 주세요.

3.

쌀국수와 라이스페이퍼를 식용유에서 살짝 튀겨 튀긴쌀국수와 라이스페이퍼 볼을 만들어 주세요.

4.

당근, 파, 깻잎은 가늘게 채를 썰어 얼음물에 담가 주세요.
(얼음물에 담그면 채소가 싱싱해져요.)

5.

오이를 강판에 갈아 다진 마늘, 식초, 꿀, 레몬즙, 소금을 넣어 마늘 오이 소스를 만들어 주세요.

6.

라이스페이퍼에 튀긴 대구 살을 담고 채 썰어 놓은 채소를 고명으로 올려 주세요.

POINT

하나. 대구 살을 밑간할 때 생선 비린 맛이 나면 정종이나 와인을 조금 첨가해 주세요.
둘. 마늘 오이 소스는 만들어 차게 준비해서 먹기 전 튀긴 생선 위에 곁들어 주세요.

매콤 쌀국수 해물샐러드

 엄마가 알려주는 영양 가득 음식 이야기

조개류와 해물은 비타민과 무기질이 풍부한 고단백 저칼로리의 식품이에요.
오징어는 타우린이 많아 피로 회복에 좋아요. 바지락은 비타민 B가 많아 빈혈에 좋아요.
새우는 칼슘이 많아 뼈가 튼튼해지고 골다공증을 예방해 줘요.

만 들 어
보 아 요

재료

오징어	1/2마리	바지락	10g
새우	20g	파프리카	1/2개
오이	1/3개	오렌지	1개
쌀국수	10g	땅콩가루	1큰술

(소스) 스윗칠리 소스 3큰술, 케첩 1큰술, 레몬즙 1큰술, 액젓 1작은술

1.

끓는 물에 레몬 1쪽을 넣고 썰은
오징어, 바지락, 새우를 삶아
얼음물에 담가 차게 준비하세요.

2.

오렌지는 속껍질을 제거하고
준비해 주세요.

3.

파프리카는 채를 썰고 오이는
어슷 썰기 해주세요.

4.

쌀국수는 물에 담가 불려 끓는
물에 삶고 찬물에 헹구어 차게
준비해 주세요.

5.

스윗칠리 소스, 케첩, 레몬즙, 액젓을
섞어 소스를 만들어 주세요.
(비린 맛이 없는 액젓을 사용해 주세요.)

6.

해물, 오렌지, 파프리카, 오이, 쌀국수에
소스를 부어 버무려 주세요.
(접시에 담고 땅콩가루를 뿌려 주세요.)

POINT

하나. 태국식 액젓 소스를 사용하면 좋지만 없을 경우 까나리 액젓을 넣어주면 비린 맛이 덜해요.
둘. 모든 재료는 차게 준비해 준 후 소스에 버무려 주세요.

달걀은 추억의 영양밥

엄마가 알려주는 영양 가득 음식 이야기

달걀은 병아리가 성장하기 위해 필요한 영양 성분을 모두 가지고 있어서 '완전 영양식품' 이에요.
특히 단백질, 지방, 칼슘, 인이 풍부하여 골격 만드는데 도움이 많이 된답니다.
그러나 아토피가 있을 경우 피해야 하는 식품 중의 하나에요.

만들어
보아요

재료

불린 찹쌀	3큰술	밤	1개
대추	1개	은행	2개
잣	5개	달걀	2개
소금	소량		

1.

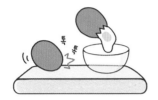

달걀의 윗부분을 깨서 흰자와
노른자를 빼주세요.

2.

밤, 대추는 썰어 주고 은행, 잣과
함께 불린 쌀에 섞고 소금 간을
해주세요.
(달걀을 조금 넣어 주세요.)

3.

재료와 섞은 쌀을 달걀껍데기에
반 정도 채워 주세요.

4.

찜통에 넣어 20분 정도 쪄주세요.

POINT

화롯불에 구워 먹던 달걀 영양밥.
좋아하는 재료를 넣어 맛있고 재미있게 만들어요.

송이송이구이

새송이버섯은 비타민 C, 칼슘이 함유되어 있으며 면역력을 향상시키고 알레르기 억제 작용도 한대요.

만들어 보아요

재료

새송이	2개	수삼	1개
파프리카	1/4개	은행	6개
소고기(불고기용)	20g	버터	1작은술
소금, 후춧가루	소량		

(소스) 간장 1큰술, 물 1큰술, 유자청 1작은술, 식초 1작은술

1.

새송이는 편으로 얇게 썰어 팬에 구워 주세요.
(은행도 팬에 굴려 익혀 주세요.)

2.

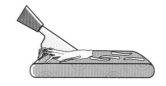

수삼은 깨끗이 씻어 채를 썰어 주세요.

3.

파프리카는 수삼 크기로 채를 썰어 주세요.

4.

소고기는 소금, 후춧가루로 밑간하여 팬에 구워 주세요.

5.

새송이에 구운 소고기를 올리고 수삼과 파프리카를 넣어 말아 주세요.

6.

돌돌 말린 새송이에 은행을 올리고 꼬지로 꽂아 주세요.

POINT

아빠가 드실 때는 소스에 와사비나 겨자를 곁들이면 더 맛이 좋아요.

들깨소스황태구이

 엄마가 알려주는 영양 가득 음식 이야기

황태는 추운 겨울에 명태를 얼리고 녹이기를 3개월 이상 반복한 것으로 살이 솜방망이처럼 연하게 부풀어 있어요. 명태는 간을 보호해 주고 피로 회복에 효과가 있는 영양식품이랍니다.

재료

황태 1마리 간장 1작은술 참기름 1큰술

(된장소스) 일본 된장 1큰술, 들깻가루 1큰술, 콩가루
1큰술, 가쯔오브시 가루 1/2작은술, 꿀 1작은술, 전분
1작은술, 물 1/2컵

만 들 어
보 아 요

1.

황태는 지느러미를 제거하고
칼집을 넣어 물에 불려 주세요.

2.

황태를 유장 처리해서 구워 주세요.
(유장 처리 : 간장 1작은술, 참기름
1큰술을 발라주세요.)

3.

된장 소스를 냄비에 넣어
끓여 주세요.

4.

구운 황태에 된장 소스를 끼얹어
주세요.

POINT

황태는 미지근한 물(25℃ 정도)에 15분 정도만 불려 주세요.
너무 오래 불리면 맛있는 성분이 물에 빠져요!

브로콜리탕수육

엄마가 알려주는 영양 가득 음식 이야기

브로콜리는 서양 채소이긴 하지만 이제는 우리나라에서도 재배하기 때문에 손쉽게 구할 수 있죠.
비타민이 듬뿍 들어 있어요. 볶음, 튀김, 무침 샐러드 등 다양하게 변신 할 수 있어요.

재료

브로콜리	200g	홍고추	1개
청고추	1개	양파	30g
전분	2큰술		

(소스) 칠리 소스 2큰술, 간장 1작은술, 물엿 1큰술, 식초 1작은술

만들어 보아요

1.

전분을 입힌후 튀겨주세요

브로콜리는 한 입 크기로 썰어 전분을 입힌 후 식용유에 튀겨 주세요.

2.

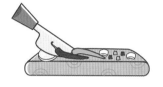

청고추, 홍고추, 양파는 다져서 준비해 주세요.

3.

소스를 바글바글 끓이다가 다진 채소를 넣어 주세요.

4.

튀긴 브로콜리를 소스에 넣어 버무려 주세요.

POINT

브로콜리는 튀긴 후 바로 소스에 버무려 드세요.
시간이 지나면 눅눅해져요.

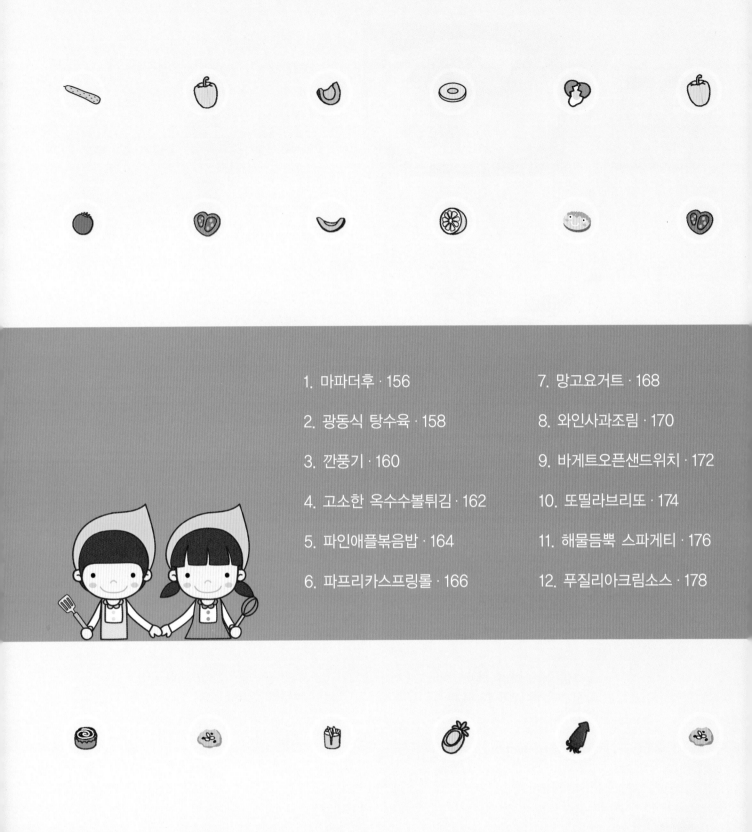

마파더후

 엄마가 알려주는 영양 가득 음식 이야기

마파두부를 처음 만든 사람은 인심 좋고 요리 잘하는 요리사 아줌마예요.
소고기와 두부를 혀가 얼얼할 정도록 맵고 뜨겁게 지져 먹는 음식으로 중국을 대표하는 음식 중 하나예요.

만들어 보아요

재료

연두부	1모	다진 고기	50g
홍고추	1개	피망	1개
대파	10g	마늘	2개
생강	5g		

{소스} 고추장 1큰술, 굴 소스 1작은술, 두반장 1작은술, 설탕 1작은술, 전분 1작은술, 새우가루 1작은술, 물 1컵

1.

두부는 작은 깍둑 썰기를 해서 끓는 소금물에 살짝 데쳐 준비해요.

2.

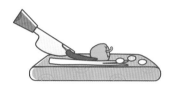

홍고추, 피망, 대파, 마늘, 생강은 다져서 준비하세요.

3.

고추장1큰술 새우가루1작은술 두반장1작은술 굴소스1작은술
설탕1작은술

고추장, 굴 소스, 두반장, 설탕, 새우가루를 혼합해 주세요.

4.

소스

팬에 식용유를 두르고 홍고추, 피망, 대파, 마늘, 생강을 볶은 후 3번의 소스를 넣어 볶아 주세요.

5.

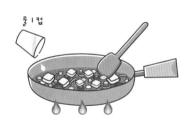

물1컵

물을 1컵 넣고, 끓이면서 1번의 두부를 넣어 주세요.

6.

녹말물1작은술

녹말물을 넣어 농도를 맞추고 참기름을 넣어 주세요.

POINT

하나. 부드러운 두부는 데치지 않고 요리해도 돼요.
둘. 홍고추가 매울 땐 피망이나 파프리카를 대신 사용하세요.

광동식 탕수육

엄마가 알려주는 영양 가득 음식 이야기

탕수육은 원래 갈비 모양의 '탕수갈비'로 먹기가 아주 불편했대요.
청나라 때 외국인들이 너무 힘들게 먹는 것을 보고 갈빗살만 발라서 만들기 시작한 것이 지금 우리가
먹는 탕수육의 유래랍니다.

돼지고기 등심	150g	달걀	1개
파프리카(청,홍)	1개씩	양파	1/4개
파인애플 링	1개	전분	50g
맛술	1작은술	조림 간장	1작은술
후춧가루	소량		

(소스) 케첩 3큰술, 설탕 3큰술, 식초 1큰술, 굴 소스 1작은술, 전분 1작은술, 물 1컵

만 들 어
보 아 요

1.

돼지고기 등심을 1cm×1cm×4cm로 썰어서 후춧가루, 조림간장 1작은술, 맛술 1작은술을 넣어 밑간해 주세요.

2.

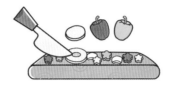

파프리카, 양파, 파인애플은 모양 내어 썰어 주세요.

3.

소스를 혼합해 주세요.

4.

밑간된 돼지고기에 달걀과 전분을 넣어 버무려 주세요.

5.

돼지고기를 160℃ 식용유에 2회 튀겨 주세요.

6.

소스를 끓여 주고 채소를 넣어 소스를 완성하세요.

하나. 냉동실에 있던 고기나 질긴 부위 고기는 양념하기 전 파인애플을 1큰술 정도 갈아 넣어 주면 부드럽고 맛이 좋아져요.
둘. 고기를 튀기기 전에 식용유를 1작은술 넣어 버무리면 튀길 때 반죽이 잘 엉키지 않아요.

깐풍기

엄마가 알려주는 영양 가득 음식 이야기

깐풍기는 '국물 없이 볶아요.'라는 뜻을 지니고 있어요.

깐풍기에 사용되는 닭안심살에는 소고기, 돼지고기에 비해 지방이 매우 적어 열량이 낮은 단백질 식품이에요. 양질의 단백질인 닭가슴살은 근육 발달과 세포조직 생성을 돕고 질병을 예방해 준대요.

닭안심	150g	달걀	1개
전분	50g	홍고추	1개
청고추	1개	대파	30g
생강	10g	마늘	3개
양파	1/4개		

(닭안심 밑간) 조림간장 1작은술, 정종 1작은술, 후춧가루 약간
(소스) 간장 1큰술, 굴 소스 1/2큰술, 설탕 2큰술, 식초 2큰술, 후추, 물 3큰술, 참기름

만들어
보아요

1.

닭안심을 2cm×2cm의 크기로 썰어 조림간장, 후춧가루, 정종을 넣어 밑간해 주세요.

2.

대파, 생강, 마늘, 홍고추, 청고추, 양파를 잘게 썰어 준비해 주세요.

3.

밑간한 닭고기에 달걀, 전분을 넣어 버무려 주세요.
(튀기기 전 식용유를 1작은술 넣어 주세요)

4.

버무린 닭고기를 튀겨 주세요.

5.

팬에 식용유를 두르고 2번의 채소를 볶은 후 소스를 넣어 조려 주세요.

6.

졸인 소스에 튀긴 닭고기를 넣어 버무려 주세요.

POINT

하나. 매콤한 고추 대신 피망이나 파프리카를 사용해도 돼요.
둘. 소스에 버무릴 땐 먹기 직전에 요리해 주세요.

고소한 옥수수볼튀김

옥수수의 섬유질은 장 운동을 활발하게 해서 변비를 해결해 줘요.
또한, 옥수수 낱알마다 하나씩 있는 씨눈엔 우리 몸에 좋은 불포화 지방산과 비타민 E가 많이 들어 있지요.

재료

옥수수	100g	밀가루	3큰술
달걀노른자	1개	땅콩(다진 것)	10g
베이킹파우더	소량		

(시럽) 설탕 3큰술, 식용유 1작은술, 올리고당 2큰술, 물 1/2컵

1.

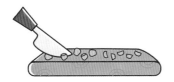

옥수수를 굵게 다져 주세요.

2.

다진 옥수수에 밀가루, 달걀, 베이킹파우더, 땅콩을 넣어 버무려 주세요.

3.

지름이 2cm 가량의 둥근 모양을 만들어 식용유에 튀겨 주세요.

4.

설탕과 식용유를 팬에 넣고 가열하여 연한 갈색이 되면 물을 넣어 끓여 주세요.

5.

물이 반 정도 졸여지면 올리 고당을 넣어 다시 한 번 끓여 시럽을 만들어 주세요.

6.

튀긴 옥수수를 시럽에 버무려 주세요.

POINT

반죽을 튀길 때 숟가락으로 떠서 둥글게 만들어 주세요.
숟가락에 식용유를 바르면 모양이 잘 만들어지고 붙지 않아요.

파인애플볶음밥

엄마가 알려주는 영양 가득 음식 이야기

태국의 대표적인 요리에요. 파인애플은 고기 요리를 할 때 사용하면 고기를 연하게 해주는 효과가 있어요. 비타민 C의 함량이 매우 높아 피로 회복에 좋고 신맛을 내는 구연산은 식욕을 증진시켜 줘요. 또한, 식이 섬유가 풍부해 변비에도 좋아요.

파인애플	1개	칵테일 새우	30g
밥	1공기	소금	소량
파프리카(색깔별로)	1/2개	후춧가루	소량

(소스) 간장 1큰술, 굴 소스 1작은술, 액젓 1작은술

만들어
보아요

1.

파인애플 윗부분을 잘라내고
숟가락으로 속을 파내 주세요.

2.

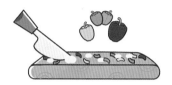

파인애플 속살과 파프리카는
다져서 준비해 주세요.

3.

칵테일 새우는 소금, 후춧가루로
밑간해 주세요.

4.

소스 재료를 혼합하여 소스를
만들어 주세요.

5.

팬에 식용유를 두르고 칵테일
새우와 썰어 놓은 파프리카를
볶아 주세요.

6.

밥을 넣어 볶은 후 소스를 넣어
볶아 주세요.
(파인애플은 밥을 볶은 후 넣어
주세요.)

POINT

하나. 잘 익은 파인애플이 속이 잘 파져요.
둘. 볶음요리는 센 불에서 볶아야 맛이 좋아요.
셋. 속을 파낸 파인애플에 국물을 따라내고 밥을 넣어 주세요. 그리고 예쁘게 장식하세요.

파프리카스프링롤

엄마가 알려주는 영양 가득 음식 이야기

라이스페이퍼를 사용한 동남아 요리에요. 화려한 색깔만으로도 먹음직스러운 파프리카는 색깔만큼이나 영양소도 다양해요. 빨강색은 성장 촉진과 면역력 향상, 주황색은 감기 예방, 노란색은 스트레스 해소, 초록색은 열량이 낮아 다이어트에 좋대요. 모든 파프리카는 '비타민의 왕'이라고 불릴 정도로 비타민이 아주 풍부하답니다.

만들어
보아요

쌀국수   5g   라이스페이퍼 5장
파프리카(색깔별로) 1/2개   칵테일 새우   6개
고수   샐러리

(소스) 칠리 소스 1큰술, 액젓 1작은술, 레몬즙 1작은
술, 땅콩

1.

쌀국수는 찬물에 담가 부드러
워지면 끓는 물에 살짝 데쳐
찬물에 헹궈주세요.

2.

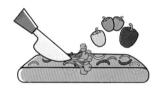

파프리카와 샐러리는 채를
썰어 준비해 주세요.

3.

칵테일 새우는 끓는 물에 데쳐
준비해 주세요.

4.

라이스페이퍼를 뜨거운 물에 살짝
담갔다가 접시에 올리고 썰은
파프리카, 샐러리, 쌀국수,
칵테일 새우, 고수를 넣고 돌돌
말아 주세요.

5.

소스를 혼합해 곁들여 주세요.

POINT

하나. 태국식 액젓이 없을 경우 비린 맛이 약한 까나리 액젓을 사용하세요.
둘. 열대 과일(파인애플, 망고, 바나나)을 곁들여 주면 더 맛이 좋아요.
셋. 고수는 코리엔터라는 향신채랍니다. 조금만 넣어 주세요.(미나리나 쑥갓을 넣어도 좋아요.)

망고요거트 ♥

엄마가 알려주는 영양 가득 음식 이야기

망고는 열대 지방의 대표적 과일이라 할수 있어요. 덜 익은 망고는 소금이나 설탕에 찍어 채소 대용으로 먹기도 한답니다. 동남아 지역 사람들은 섬유질이 풍부하고 당도가 높아 누구나 좋아하는 과일이에요.

만들어
보아요

재료

망고	1개	레몬즙	1큰술
설탕	2큰술	생크림	2큰술
플레인 요거트	2큰술		

1.

망고를 껍질을 벗기고 굵게
썰어 주세요.

2.

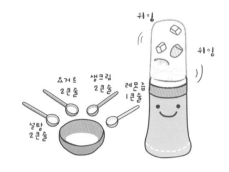

믹서기에 망고, 레몬즙, 설탕,
생크림 1큰술, 요거트, 얼음 3개를
넣어 믹서해 주세요.

3.

예쁜 컵에 담아 주고 위에
생크림으로 장식해 주세요.

POINT

망고를 미리 손질하여 차게 얼렸다 갈아 주면 맛있는 셔벗이 되요.

와인사과조림

엄마가 알려주는 영양 가득 음식 이야기

프랑스의 대표적인 디저트에요. 와인은 싱싱하고 잘익은 포도를 발효하여 만든 천연 그대로의 포도 음료예요. 아름다운 색깔과 어우러진 향과 맛을 지닌 와인은 신이 인간에게 준 최고의 선물이라고 해요. 서양에서는 와인을 술로 여기지 않고 음식의 일부라고 생각해서 음식을 먹을 때 반드시 곁들여야 하는 음료랍니다.

만들어
보아요

재료

| 사과 | 1개 | 레몬 | 1/2개 |
| 설탕 | 3큰술 | 와인 | 1컵 |

1.

사과는 8등분하고 껍질과
씨를 제거해 주세요.

2.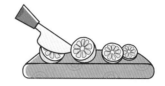

레몬은 둥글게 썰어 주세요.

3.

냄비에 사과, 설탕, 와인, 레몬을
넣어 보통 불에서 끓여 주세요.

4.

와인이 사과에 충분히
스며들 때까지 졸여 주세요.

POINT

하나. 사과의 모서리 부분을 칼로 도려내 주면 사과 살이 부스러지지 않고 좋아요.
둘. 낮은 불에서 서서히 와인이 스며들어야 속까지 빨갛게 와인 색이 들고 맛도 좋아요.
셋. 냉장고에 넣어 차게 준비해서 디저트로 드세요. 아이스크림과 곁들이면 환상이에요.

바게트오픈샌드위치

 엄마가 알려주는 영양 가득 음식 이야기

프랑스의 대표적인 바게트 빵은 밀가루, 물, 이스트, 기본 반죽만을 가지고 만들었어요. 밥처럼 주식으로 먹는 빵이에요. 육류나 스프 요리에 곁들여 먹는답니다.

만들어
보아요

재료

바게트 빵 1개   연어   2개
양상추, 적 양파, 파프리카, 크림 치즈

(소스) 발사믹식초 1큰술, 올리브유 1큰술, 다진
양파 1큰술, 허브(로즈메리)

1.

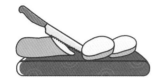

바게트 빵은 어슷하게 썰어
주세요.

2.

적 양파는 링으로 썰고, 양상추는
손으로 찢어 주세요.

3.

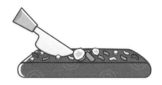

피클과 파프리카는 다져서
준비해 주세요.

4.

소스를 만들어 준비해 주세요.

5.

바게트 빵에 크림 치즈를 발라 주고,
양상추, 연어, 적양파, 다진 피클,
파프리카를 올려 주세요.

6.

소스를 위에 끼얹어 주세요.

POINT

하나. 소스는 미리 만들어 차게 냉장고에 보관했다가 사용해요.
둘. 오픈식 샌드위치로 가볍게 먹을 수 있는 간식으로 좋아요.

또띨라브리또

 엄마가 알려주는 영양 가득 음식 이야기

또띨라는 멕시코 주식이 되는 빵이에요. 독특한 맛은 없지만 먹기 전 따뜻하게 구워 육류와 채소 등 다양한 음식과 함께 먹을 수 있어요.

만들어
보아요

재료

또띨라	4장	닭 가슴살	100g
방울토마토		파프리카	1/2개
오이	1/2개	샐러리	1/2줄기
소금, 후춧가루, 정종			

(소스 1) 아보카도 1개, 생크림 1큰술, 레몬즙 1작은술,
소금 소량

(소스 2) 토마토 1개, 토마토 케첩 1큰술, 칠리 소스 2
큰술, 다진 양파 1큰술

1.

닭 가슴살은 편으로 썰어 소금,
후춧가루, 정종으로 밑간해
주세요.

2.

파프리카, 오이, 샐러리는 채를
썰어 준비해 주세요.

3.

팬에 버터를 두르고 밑간한
닭 가슴살을 노릇노릇 구워 주세요.

4.

아보카도는 껍질을 벗기고 믹서기에
생크림, 레몬즙, 소금을 넣어 소스
1을 완성해 주세요.

5.

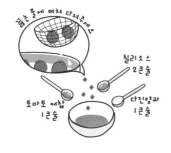

토마토는 끓는 물에 데쳐 껍질을 벗기
고 다져서 케첩, 칠리 소스, 다진 양파
를 넣어 소스 2를 완성해 주세요.

6.

또띨라를 프라이팬에서 구운 후
파프리카, 오이, 샐러리,
닭 가슴살을 넣어 말아 주세요.

POINT

하나. 냉동되었던 또띨라는 냉장고에 넣어 해동되면 먹기 전 구워야 빵맛이 좋아요.

둘. 닭 가슴살 대신 햄이나 불고기를 넣어 주어도 좋아요.

셋. 소스는 만들어 먹을 때 곁들여 주세요.

해물듬뿍 스파게티

엄마가 알려주는 영양 가득 음식 이야기

스파게티는 이탈리아의 대표적인 음식이에요. 해산물에는 단백질, 지방, 비타민 B_1, B_2, 칼슘 등이 풍부해요. 하지만 상하기 쉬워 신선한 것을 구입해 빨리 먹는 것이 맛과 영양적으로 좋아요.
남은 재료는 급속 냉동시켜야 해요.

만 들 어
보 아 요

재료

스파게티 면	60g	토마토	1개
오징어	1/2마리	칵테일 새우	20g
조개	30g	양파	1/2개
샐러리	10g	월계수잎	1장

(소스) 케첩 2큰술, 페이스트 1큰술, 고춧가루 1큰술, 바비큐 소스 1작은술, 새우가루 1작은술, 물 2컵

1.

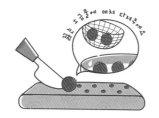

끓는 소금물에 토마토를 데쳐 껍질을 벗기고 다져서 준비하고 양파, 샐러리도 다져 주세요.

2.

오징어와 칵테일 새우, 조개는 깨끗이 씻어 손질해 주세요.

3.

삶은 스파게티를 버터, 올리브유를 넣어 팬에서 볶아주세요.
(스파게티 면을 볶아 주어야 면이 불지 않아요)

4.

팬에 버터와 올리브유를 두르고 해물을 살짝 볶아 주세요.

5.

팬에 버터와 올리브유를 두르고 양파, 샐러리를 볶고 케첩, 페이스트, 고춧가루, 바비큐 소스, 새우가루를 넣어 볶은 후 물과 월계수잎, 샐러리잎을 넣어 끓여 주세요.

6.

다진 토마토와 해물을 넣어 소스를 완성해 주세요.

POINT

하나. 해물은 센 불에서 볶으면서 화이트 와인을 조금 넣어 주면 해물 비린 맛을 없애 줘요.

푸질리아크림소스

 엄마가 알려주는 영양 가득 음식 이야기

이탈리아의 파스타 중 푸질리아는 나사 모양이에요.
샐러드, 스프, 파스타 요리에 다양하게 사용돼요.

재료

푸질리아	60g	생크림	1/2컵
베이컨	10g	양파	20g
샐러리	1/2줄기	소금	소량
후춧가루	소량		

1.

푸질리아는 끓는 물에 식용유를
1작은술 넣어 삶아 주세요.

2.

팬에 버터와 올리브유를 두르고
푸질리아를 볶아 주세요.
(버터와 올리브유에 볶아 주면
불지 않아요.)

3.

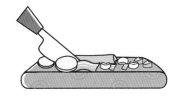

양파, 샐러리, 베이컨은 다져서
준비해 주세요.

4.

팬에 베이컨을 볶은 후 양파,
샐러리를 넣어 볶아 주세요.

5.

생크림을 넣고 살짝 끓여 주세요.

6.

푸질리아를 넣어 버무려 주고
소금, 후춧가루로 간해 주세요.

POINT

하나. 베이컨을 볶은 후 양파와 샐러리는 충분히 볶아야 깊은 맛이 나요.
둘. 생크림은 오래 끓이면 색과 맛이 변해요. 살짝 끓으면 바로 양념을 하는 것이 좋아요.

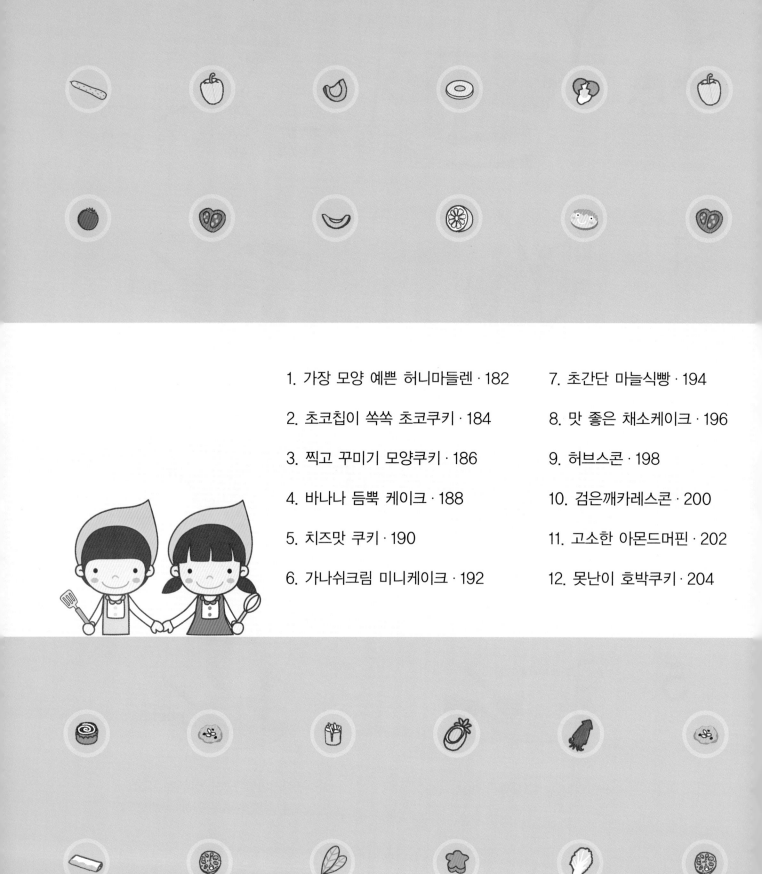

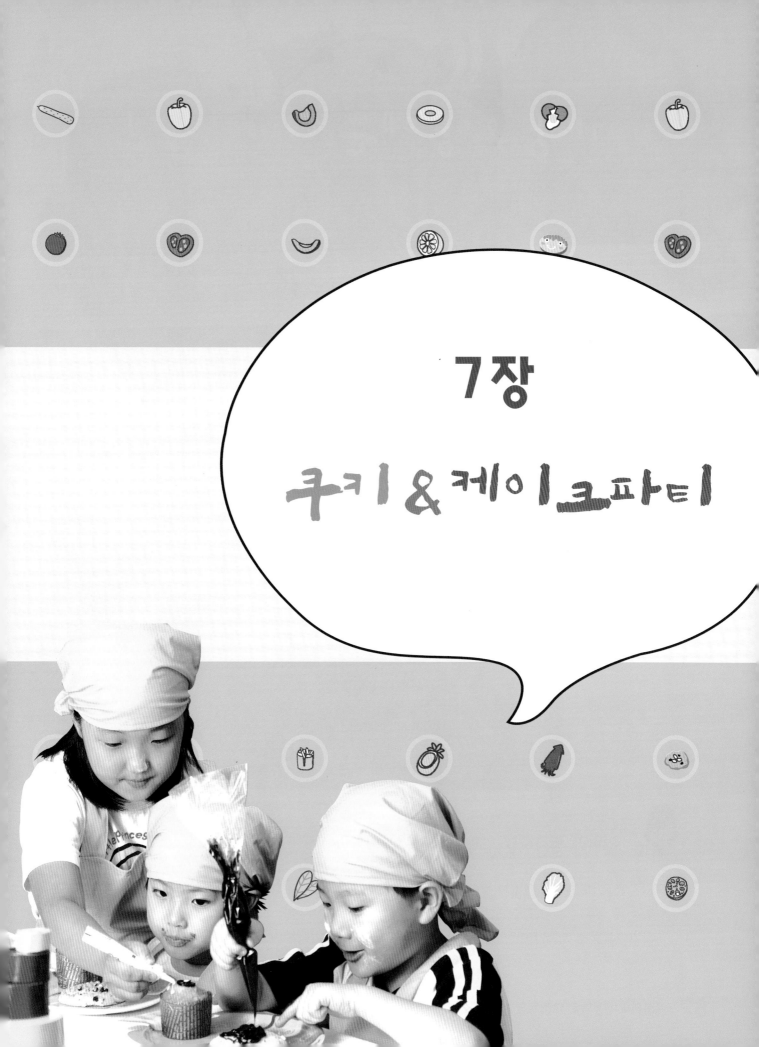

7장

쿠키&케이크파티

가장 모양 예쁜 허니마들렌

엄마가 알려주는 영양 가득 음식 이야기

꿀은 각종 비타민 및 효소가 들어 있어요.

꿀은 꼭 실온에 보관해 주세요. 꿀에서는 미생물도 자라지 못한답니다. 열을 내는 식품으로 감기 예방과 체력이 튼튼해 지지만 어린이는 원래 열이 많으므로 많은 양을 먹으면 오히려 해가 된답니다.

재료

중력분	70g	아몬드 가루	40g
버터	100g	설탕	80g
꿀	20g	달걀	2개
레몬즙	(레몬1/2개)	베이킹파우더	3g

1.

중력분, 아몬드 가루, 베이킹파우더를
2회 체로 내려 주세요.

2.

버터를 약한 불에 올려 살짝
끓여 주세요.

3.

버터에 설탕과 꿀을 넣고
거품기로 충분히 저은 후
달걀을 넣어 주세요.

4.

체질한 가루와 레몬즙을 넣어
고르게 섞어 주세요.

5.

마들렌팬에 70% 정도 채워주고
아몬드 슬라이스를 위에 올려
주세요.

6.

오븐 온도 170℃에서 15분간
구워 주세요.

POINT

스텐볼에 끓인 버터와 설탕을 넣고 충분히 휘핑하세요.
그리고 달걀은 컵에 미리 풀어 노른자 흰자를 잘 섞어 조금씩 넣어 주면서 나머지 휘핑하는 것이
좋아요. 그래야 마들렌이 부드럽고 맛이 좋아요.

초코칩이 쏙쏙 초코쿠키

엄마가 알려주는 영양 가득 음식 이야기

초콜릿은 카카오 열매로 만든 가공품이에요. 카카오 반죽에 밀크, 설탕, 향료 등을 첨가해 만든 것이 우리가 먹는 초콜릿이랍니다. 약재로 쓰였던 카카오는 화폐로도 통용되었고 카카오 10알이면 토끼 1마리, 100알로는 노예 한 사람을 살 수 있는 귀한 가치로 쓰였다고 해요.

만들어
보아요

재료

박력분	150g	베이킹파우더	3g
버터	90g	설탕	80g
달걀	1/2개	초코칩	100g

1.

박력분, 베이킹파우더는
2회 체로 내려 주세요.

2.

설탕80g   버터

스텐볼에 버터를 넣어 부드럽게
풀어 주고 설탕을 넣어 크림을
올려 주세요.

3.

달걀을 넣어 버터크림을
완성해 주세요.

4.

마른 가루와 초코칩을 넣어
반죽하세요.

5.

철판에 한 숟가락씩 반죽을
올려 주고 초코칩을 장식해
주세요.

6.

오븐 온도 170℃에서 15분
정도 구워 주세요.

POINT

하나. 버터는 실온에 두어 부드러워 졌을 때 크림을 올리면 좋아요.
둘. 철판에 식용유를 살짝 발라 닦아주고 사용하면 구운 후 팬에 붙지 않아요.

찍고 꾸미기 모양쿠키

박력분	200g	베이킹파우더	3g
버터	80g	설탕	80g
소금	1g	달걀	1개
바닐라 오일	2g		

(장식용) 슈거파우더 100g, 달걀 흰자 1개, 식용색소

만들어
보아요

1. 박력분, 베이킹파우더는 2회
체로 내려 주세요.

설탕80g   버터

2. 스텐볼에 버터를 넣어 부드럽게
풀어 주고 설탕을 넣어 주고 달걀을
넣어 크림을 만들어 주세요.

바닐라오일2g

3. 마른 가루와 바닐라 오일을
버터크림에 넣어 반죽해 주세요.

4. 냉장고에 반죽을 넣어 30분가량
휴지시켜 주세요.
(휴지는 모양과 맛을 좋게 해줘요)

5. 반죽을 꺼내서 1cm가량 밀대로 밀고
쿠키틀로 찍어 주세요.
170℃ 오븐에서 15분간 구워 주세요.

6. 쿠키가 식으면 초코크림과
슈거파우더크림으로 장식해 주세요.
(달걀 흰자를 거품으로 저어주며 슈거
파우더와 식용색소를 넣어 만든 크림)

POINT

하나. 바닐라 오일이 없을 땐 가루용 바닐라를 사용해서 밀가루와 체질하면 돼요.
둘. 장식용에 사용하는 식용색소는 소량만 넣어주고 백련초가루, 녹차가루, 천연색소를 사용하면 더 좋아요.
셋. 초코크림 : 생크림 2큰술+초코칩 4큰술 살짝 끓여 초코크림을 완성해 주세요.

바나나 듬뿍 케이크

노란 껍질을 벗기면 말랑말랑 부드러운 속살이 쏘~옥! 어린이들이 좋아하는 간식 중 하나예요.
바나나는 비타민과 미네랄, 섬유질이 많아 소화를 도와주고 변비를 막아 준대요.

중력분	200g	베이킹파우더	5g
카롤라유	70g	소금	2g
황설탕	100g	달걀	1개
바나나	2개	호두	30g
우유	3큰술	생크림	3큰술

만들어
보아요

1.

중력분, 베이킹파우더는 2회
체로 내려 주세요.

2.

설탕, 달걀, 우유, 생크림, 소금을
볼에 넣어 충분히 저어 주세요.

3.

설탕이 다 녹으면 카롤라유를
넣어 거품기로 휘핑해 주세요.

4.

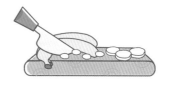

바나나 1개는 잘게 다져주고 나머지
1개는 원형으로 썰어 주세요.

5.

1번의 마른 가루를 3번에 넣고
다져진 바나나와 호두를 넣어
주세요.

6.

파운드틀에 반죽을 70% 채우고
오븐 온도 165℃에서 30분~35분간
구워 주세요.

POINT

하나. 바나나는 사용 전 바로 썰어서 사용하세요.
둘. 유지(카롤라유)를 넣고 휘핑할 땐 세차게 저어 주세요. 그래야 고르게 잘 섞이고 케이크가 맛있게
만들어지는 비법이에요.

치즈맛 쿠키

 엄마가 알려주는 영양 가득 음식 이야기

황치즈는 치즈가루에 황색 식용색소를 넣은 것이기 때문에 아토피가 있는 어린이는 되도록 먹지 않도록 하세요. 대신 백치즈 가루를 넣어 만드는 것이 좋답니다.

만들어
보아요

재료

박력분	110g	황치즈	20g
버터	60g	설탕	60g
달걀흰자	2개		

1.

박력분과 황치즈 가루를
2회 체로 내려 주세요.

2.

스텐볼에 버터를 부드럽게 풀어
주고 설탕을 넣어 크림을 올려
주세요.

3.

달걀흰자를 조금씩 넣어
버터크림을 완성해 주세요.

4.

버터크림에 마른 가루를 넣고
반죽해 주세요.

5.

짤 주머니에 반죽을 넣어
철판 위에 모양 내어 짜주세요.

6.

오븐 온도 170℃에서 12분~15분
정도 구워 주세요.

POINT

하나. 달걀흰자를 미리 고르게 풀어주고 조금씩 넣어야 분리되지 않고 크림이 완성돼요.
둘. 반죽이 묽으면 냉장고에 넣었다가 짜주면 모양이 그대로 살아요.

가나쉬크림미니케이크

엄마가 알려주는 영양 가득 음식 이야기

가니쉬크림은 초콜릿과 생크림을 같은 양을 넣어 만든 초코크림이에요.
케이크 위에 장식하거나 쿠키를 구워 찍어 먹을 수 있는 크림으로 사용해요.

박력분	110g	코코아 분	10g
버터	100g	설탕	80g
달걀	2개	생크림	40g
베이킹파우더	3g		

(가나쉬크림) 생크림 1/2컵, 초코칩 100g

만들어
보아요

1.

박력분, 코코아 분, 베이킹파우더는
2회 체로 내려 주세요.

2.

버터를 부드럽게 풀어 주고
설탕을 넣어 크림을 올려 주세요.

3.

달걀을 1개씩 넣어 크림을
완성해 주세요.

4.

버터크림에 마른 가루, 생크림,
우유를 넣어 반죽해 주세요.

5.

머핀틀에 반죽을 80% 정도 채우고
오븐 온도 165℃에서 20분 정도
구워 주세요.

6.

구운 초코머핀이 식으면 가나쉬크림
으로 위에 장식해 주세요.
(가나쉬크림 : 냄비에 생크림을 살짝
끓여 주고 초코칩을 넣어 거품기로
충분히 저어 주세요.)

POINT

하나. 케이크를 완전히 식은 후 가나쉬크림으로 장식해 주세요.
화이트 초코크림은 화이트 초코칩을 사용하면 돼요.

초간단 마늘식빵

엄마가 알려주는 영양 가득 음식 이야기

마늘은 살균 작용과 보온 효과가 있어 감기와 기관지염에 아주 좋답니다.
조금씩 꾸준히 먹으면 위도 튼튼해진대요. 사스나 조류독감 같은 전염병에도 마늘이 효과가 있다고 하니
질병 예방을 위해서도 마늘을 먹어야 겠죠?

만 들 어
보 아 요

재료

식빵

(마늘 소스) 버터 80g, 설탕 60g, 생크림 10g, 마늘 3쪽, 달걀 노른자 1개, 마요네즈 1큰술, 파슬리 2g

1.
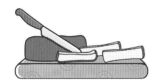

식빵은 2cm 간격으로 스틱 모양으로 잘라 주세요.

2.
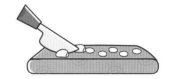

마늘은 잘게 다져 주세요.

3.

파슬리는 다져 거즈에 싸서 흐르는 물에 살짝 헹궈 주세요.

4.

불 위에서 냄비에 버터를 부드럽게 풀어 주고 마요네즈, 파슬리가루, 설탕, 생크림을 넣어 저어 주세요.

5.

식빵 스틱에 마늘 소스를 충분히 발라 주세요.

6.

오븐 온도 170℃에서 10~15분간 노릇하게 구워 주세요.

POINT

달걀노른자를 넣고 충분히 저어 주세요.
바게트 빵을 잘라 소스를 발라 구워도 바삭하고 맛있어요!

맛좋은 채소케이크

엄마가 알려주는 영양 가득 음식 이야기

넛메그는 열대산의 상록교목인 육두구나무의 말린 씨랍니다.
달콤하고 향기로운 음식이나 제과, 향료, 약용으로 조금씩 넣어 사용돼요.

만들어
보아요

재료

중력분	200g	넛메그	2g
베이킹파우더	5g	계핏가루	5g
카놀라유	70g	소금	2g
설탕	100g	우유	40g
생크림	40g	달걀	1개
당근	1/2개	호박	1/2개
옥수수	3큰술	완두콩	3큰술

1.

당근, 호박은 채를 썰어 준비해
주세요.

2.

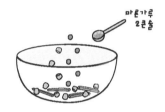

중력분, 넛메그, 베이킹파우더,
계핏가루는 2회 체로 내려 주세요.

3.

설탕, 소금, 우유, 생크림, 달걀을
볼에 넣어 충분히 저어 주세요.
그리고 카놀라유를 넣어 혼합해
주세요.

4.

당근, 호박, 옥수수, 완두콩에 마른
가루를 2큰술 넣어 섞어 주세요.
(마른 가루를 넣어야 반죽에 채소가
고르게 섞여요.)

5.

채소와 마른 가루를 넣어 반죽해
주세요. 고르게 섞어 20분 정도
실온에 두세요.

6.

원형 틀에 반죽을 80% 채우고
채소를 올려 오븐 온도 165℃에서
30분 정도 구워 주세요.

POINT

우유, 생크림, 달걀은 너무 차갑지 않게 실온에 꺼냈다가 사용해 주세요.
그래야 휘핑과 혼합이 잘돼요.

허브스콘 ♥

허브 이야기 : 허브는 향신료 역할과 부족한 비타민을 보충해 줘요. 빵이나 케이크에 넣어 풍미를 좋게
하고 음식에서도 향을 내거나 육류 · 생선에 냄새를 없애는 역할을 하지요.

만 들 어
보 아 요

재료

중력분	200g	베이킹파우더	4g
설탕	20g	버터	30g
말린 허브	3g	후레쉬 허브	소량
달걀	1개	우유	50g
소금	2g		

1.

중력분, 베이킹파우더는 2회
체로 내려 주세요.

2.

마른 가루에 버터를 넣고 스크레이
퍼로 버터를 잘게 다져 손으로 비벼
주세요.
(스크레이퍼는 반죽을 자를 때 사용
하는 도구예요.)

3.

설탕, 달걀, 허브, 우유를 넣어
반죽해 주세요.

4.

반죽을 냉장고에 넣어 30분 가량
휴지시켜 주세요.
(휴지는 모양과 맛을 좋게 해줘요.)

5.

밀대로 2cm가량 밀어 주고
쿠키틀이나 칼로 잘라 모양을
만들어 주세요.

6.

철판에 모양 스콘을 올리고
달걀 물을 바른 후 165℃ 오븐에서
15~20분 구워 주세요.

POINT

하나. 후레쉬 허브는 구하기 쉬운 로즈메리나 파슬리, 애플민트를 사용하세요.
둘. 스크레이퍼가 없으면 도마에 밀가루를 뿌리고 칼에 밀가루를 발라주며 잘게 버터를 썰어 주세요. 그
리고 버터와 밀가루를 충분히 비벼준 후 반죽하세요.

검은깨카레 스콘

엄마가 알려주는 영양 가득 음식 이야기

카레는 위장을 튼튼히 해주고 식욕을 증진시켜 주는 건강식품이에요. 카레에는 향을 내는 시나몬,
넛메그, 펜넬, 커민, 카다몬 등이 있고 후춧가루, 고추, 생강 등은 매운맛을 내요. 강황, 마늘, 올스파이스,
타임 등은 색과 맛을 내는 성분이 아주 많이 들어 있다고 해요.

재료

중력분	200g	베이킹파우더	4g
카레 분말	10g	검은깨	10g
설탕	20g	버터	30g
달걀	1개	우유	50g

1.

중력분, 베이킹파우더, 카레 분말을
2회 체로 내려 주세요.

2.

마른 가루에 버터를 넣고 스크레이퍼로
버터를 잘게 다져 손으로 비벼
주세요.(스크레이퍼는 반죽을 자를 때
사용하는 도구예요.)

3.

검은깨, 설탕, 달걀, 우유를
넣어 반죽해 주세요

4.

반죽을 냉장고에 넣어 30분가량
휴지시켜 주세요.
(휴지는 모양과 맛을 좋게 해줘요.)

5.

밀대로 2cm가량 밀어주고
쿠키 틀이나 칼로 잘라 모양을
만들어 주세요.

6.

철판에 모양 스콘을 올리고 7번의
달걀물을 바른 후 165℃
오븐에서 15~20분 구워 주세요.

POINT

카레 자체에 염분이 있어 소금은 넣지 말고 되도록 카레는 염분이 적은 것을 사용하는 것이 좋아요.

고소한 아몬드머핀

엄마가 알려주는 영양 가득 음식 이야기

아몬드에는 여러 종류의 항산화 물질들이 들어 있어 인체 세포의 손상을 막을 수 있고 질환 예방에 아주 좋은 식품이래요.
특히 뼈 건강에 중요한 칼슘, 마그네슘 및 인이 들어 있어요.

만들어
보아요

재료

박력분	110g	아몬드 가루	40g
버터	100g	설탕	80g
달걀	2개	생크림	40g
우유	50g	베이킹파우더	3g

1.

박력분, 아몬드 가루, 베이킹파
우더를 2회 체로 내려 주세요.

2.
설탕80g   버터

버터를 부드럽게 풀어 주고 설탕을
넣어 달걀을 넣어 크림을 완성하세요.

3.

달걀을 1개씩 넣어 크림을
완성해 주세요.

4.
생크림40g   우유50g

버터크림에 마른 가루, 생크림,
우유를 넣어 반죽해 주세요.

5.

머핀 틀에 반죽을 80% 정도
채워 주세요.

6.

오븐 온도 165℃에서 20분
정도 구워 주세요.

POINT

스텐볼에 끓인 버터와 설탕을 넣고 충분히 휘핑하세요.
그리고 달걀은 컵에 미리 풀어 노른자 흰자를 잘 섞어 조금씩 넣어 주면서 나머지 휘핑하는 것이 좋아
요. 그래야 마들렌이 부드럽고 맛이 좋아요.

못난이 호박쿠키

엄마가 알려주는 영양 가득 음식 이야기

단호박은 죽요리, 떡, 케이크 등 다양한 요리에 사용되죠.
탄수화물, 섬유질, 각종 비타민과 미네랄이 듬뿍 들어 있어 성장기 어린이와 허약 체질에 좋은 영양식이래요!

만들어
보아요

재료

단호박	300g	황설탕	80g
달걀(노른자)	1개	계핏가루	2g
소금	2g	박력분	110g
베이킹파우더	3g	버터	30g
건포도		아몬드 슬라이스	20g

1.

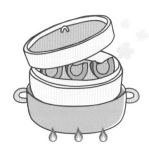

호박을 잘라 씨를 제거하고 찜통에
넣어 쪄주세요. 식은 후 으깨
주세요.

2.

박력분, 베이킹파우더,
계핏가루는 2회 체로 내려 주세요.

3.

황설탕80g   소금2g

버터를 부드럽게 풀어 주고
설탕과 소금을 넣어 주세요.

4.

계란노른자

달걀노른자를 넣어 버터크림을
완성해 주세요.

5.

으깬 호박과 마른 가루, 건포도,
아몬드 슬라이스를 넣어 반죽해
주세요.

6.

철판에 한 숟가락씩 반죽을 올리고
아몬드로 장식한 후 오븐 온도
165℃에서 15분 정도 구워 주세요.

POINT

으깬 호박은 완전히 식은 후 사용해야 반죽이 묽어지지 않아요.

식품교환표

식품교환표란 식품군별로 영양소가 서로 비슷한 것끼리 묶은 것으로 같은
식품군 내에서 같은 교환 단위끼리는 서로 자유롭게 바꾸어 먹을 수 있어요.

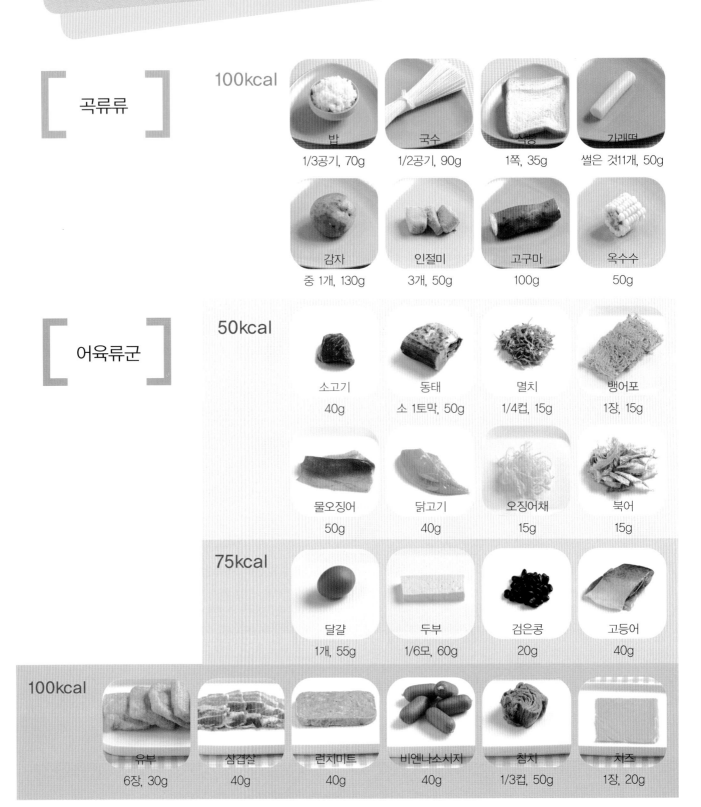

[곡류류]

100kcal

밥	국수	식빵	가래떡
1/3공기, 70g	1/2공기, 90g	1쪽, 35g	썰은 것11개, 50g
감자	인절미	고구마	옥수수
중 1개, 130g	3개, 50g	100g	50g

[어육류군]

50kcal

소고기	동태	멸치	뱅어포
40g	소 1토막, 50g	1/4컵, 15g	1장, 15g
물오징어	닭고기	오징어채	북어
50g	40g	15g	15g

75kcal

달걀	두부	검은콩	고등어
1개, 55g	1/6모, 60g	20g	40g

100kcal

유부	삼겹살	런치미트	비엔나소시지	참치	치즈
6장, 30g	40g	40g	40g	1/3컵, 50g	1장, 20g

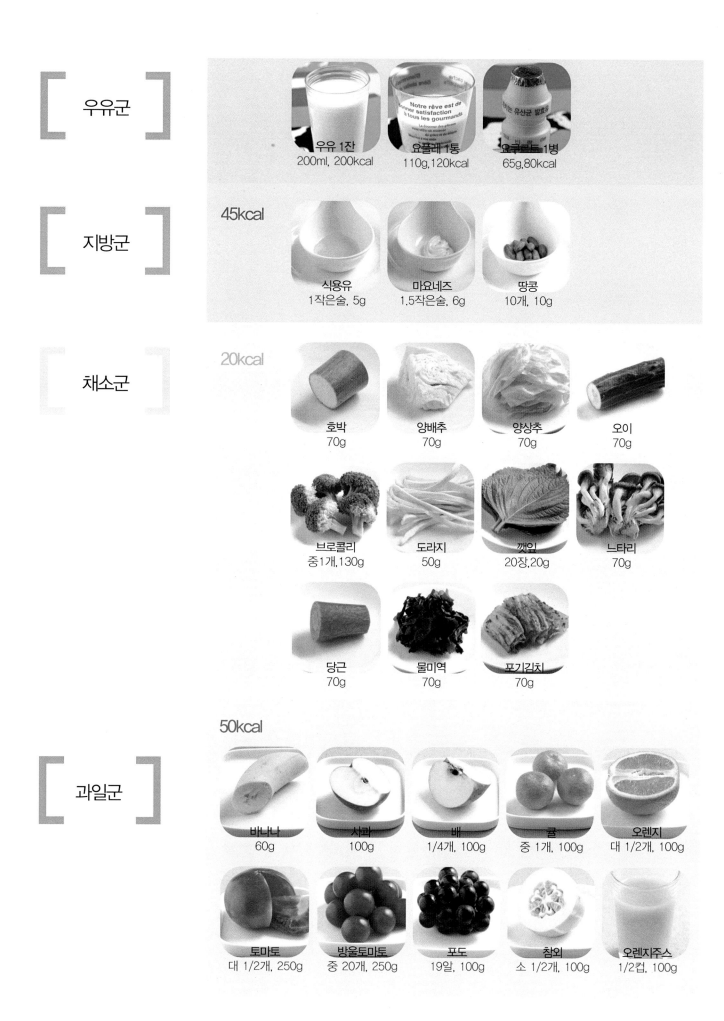

우유군

우유 1잔
200ml, 200kcal

요플레 1통
110g, 120kcal

요쿠르트 1병
65g, 80kcal

지방군

45kcal

식용유
1작은술, 5g

마요네즈
1.5작은술, 6g

땅콩
10개, 10g

채소군

20kcal

호박
70g

양배추
70g

양상추
70g

오이
70g

브로콜리
중1개, 130g

도라지
50g

깻잎
20장, 20g

느타리
70g

당근
70g

물미역
70g

포기김치
70g

과일군

50kcal

바나나
60g

사과
100g

배
1/4개, 100g

귤
중 1개, 100g

오렌지
대 1/2개, 100g

토마토
대 1/2개, 250g

방울토마토
중 20개, 250g

포도
19알, 100g

참외
소 1/2개, 100g

오렌지주스
1/2컵, 100g

요리는 즐거워~

요리는 즐거워~

요리
84가지

똑똑이와 튼튼이를 위한

온가족 홈 쿠킹

2009년 1월 30일 1판 1쇄 발행
2020년 10월 15일 2판 1쇄 발행

지 은 이 : 박혜원 · 이명호 · 박향숙 · 송원경
펴 낸 이 : 박 정 태

펴 낸 곳 : **광 문 각**

10881
경기도 파주시 파주출판문화도시 광인사길 161
광문각 B/D 4층
등   록 : 1991. 5. 31 제12-484호
전 화(代) : 031) 955-8787
팩   스 : 031) 955-3730
E - mail : kwangmk7@hanmail.net
홈페이지 : www.kwangmoonkag.co.kr

ISBN : 978-89-7093-379-5   13590

값 : 18,000원

한국과학기술출판협회회원
KSPA

불법복사는 지적재산을 훔치는 범죄행위입니다.

저작권법 제97조 제5(권리의 침해죄)에 따라 위반자는 5년 이하의
징역 또는 5천만원 이하의 벌금에 처하거나 이를 병과할 수 있습니다.

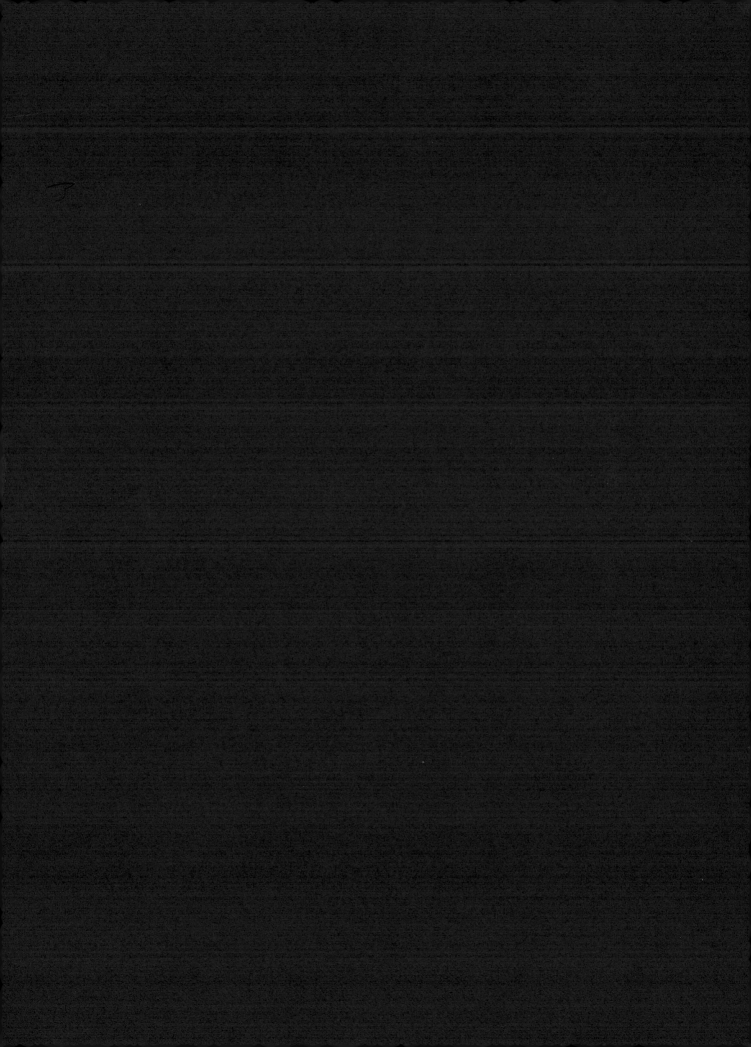

일본어는 4가지 문자로 표기합니다!

1. 히라가나 ひらがな

히라가나는 한자의 일부분을 따거나 흘려쓰기가 변형되어 만들어진 문자입니다. 옛날 궁정 귀족의 여성들이 주로 쓰던 문자였지만, 지금은 문장을 쓸 때 가장 일반적으로 쓰이는 문자입니다. 일본어를 시작할 때는 무조건 익혀야 합니다.

2. 가타카나 カタカナ

가타카나는 한자의 일부분을 따거나 획을 간단히 한 문자입니다. 히라가나와 발음이 같지만 가타카나는 주로 외래어를 표기할 때 사용합니다. 그밖에 의성어나 어려운 한자로 표기해야 할 동식물의 이름 등에도 쓰입니다.

3. 한자 漢字

우리는 한글만으로 거의 모든 발음을 표기할 수 있습니다. 그런데 일본어는 히라가나와 가타카나만으로 표기하기에는 그 발음 숫자가 너무 적어서 한자를 쓰지 않으면 내용을 정확히 알 수 없습니다. 한자 읽기는 음독과 훈독이 있으며 우리와는 달리 읽는 방법이 다양합니다. 또한 일부 한자는 자획을 정리한 약자(신자체)를 사용합니다.

4. 로마자

히라가나와 가타카나 그리고 한자는 일본어 표기에 기본이 되는 문자입니다. 다른 나라 사람들도 읽을 수 있도록 우리가 로마자(알파벳)로 한글 발음을 표기하는 것처럼 일본어에서도 각 문자마다 로마자 표기법을 정해 사용하고 있습니다. 로마자 표기법도 함께 익혀 두시기 바랍니다.

송 상 엽

지은이 송상엽은 대학에서 일어일문학을 전공하였으며, 국내 유수 기업체는 물론 어학원에서 수년간의 강사 경험을 바탕으로 일본어 교재 전문기획 프리랜서로 활동하고 있다. 지금은 랭컴출판사의 편집위원으로서 일본어 학습서 기획 및 저술 활동에 힘쓰고 있다.

독학, 왕초보 일본어 첫걸음

기초한자 따라쓰기

2024년 06월 05일 초판 1쇄 인쇄
2024년 06월 10일 초판 1쇄 발행

지은이 송상엽
발행인 손건
편집기획 김상배, 장수경
마케팅 최관호, 김재명
디자인 Purple
제작 최승용
인쇄 선경프린테크

발행처 *LanCom* 랭컴
주소 서울시 영등포구 영신로34길 19, 3층
등록번호 제 312-2006-00060호
전화 02) 2636-0895
팩스 02) 2636-0896
홈페이지 www.lancom.co.kr
이메일 elancom@naver.com

ⓒ 랭컴 2024
ISBN 979-11-7142-047-6 13730

이 책의 저작권은 저자에게 있습니다. 저자와 출판사의 허락없이
내용의 일부를 인용하거나 발췌하는 것을 금합니다.